W0268684

# Technisches Zeichnen

## aus der Vorstellung mit Rücksicht auf die Herstellung in der Werkstatt.

Von

### Rudolf Krause,

Ingenieur.

———

**Mit 97 Figuren im Text und auf 3 Tafeln.**

Springer-Verlag Berlin Heidelberg GmbH 1906

ISBN 978-3-662-31841-6     ISBN 978-3-662-32668-8 (eBook)
DOI 10.1007/978-3-662-32668-8
Softcover reprint of the hardcover 1st edition 1906

# Vorwort.

Wie der Titel sagt, ist der Zweck dieses kleinen Buches die Anfertigung von technischen Zeichnungen aus der Vorstellung und die Begründung ihrer Ausführungsform durch die Herstellungsvorgänge in der Werkstatt. Es ist deshalb auch zweierlei durch das ganze Buch hindurch einander gegenübergestellt: die perspektivische Ansicht des darzustellenden Gegenstandes entsprechend dem Vorstellungsbild und die zugehörigen technischen Zeichnungen. Die Eigenheiten in der Ausführungsform der technischen Zeichnungen sind begründet durch kurzes Eingehen auf die Herstellungsvorgänge, wie Anfertigung der Gußmodelle, Abformen derselben, Herstellung der Kerne, Vorzeichnen und Fertigstellen des Gußstückes, Schmieden im Gesenke, Abdrehen und Hobeln von Schmiedestücken usw. Selbstverständlich ist hierauf nicht weiter eingegangen, als zu dem schon ausgesprochenen Zweck erforderlich schien. Besonderes Gewicht wurde noch gelegt auf die zur Entwickelung des Formenvorstellungsvermögens notwendige Übung im perspektivischen Zeichnen, welches nach Ansicht des Verfassers besser den beabsichtigten Erfolg haben dürfte als die heute gewöhnlich übliche Methode der darstellenden Geometrie, von der es streng genommen allerdings nur ein besonderer Fall ist. Da über das Skizzieren von Maschinenteilen in Perspektive schon Literatur vorhanden ist, wurde der betreffende Abschnitt auf das allernotwendigste beschränkt und im übrigen auf die bereits erschienenen Werke verwiesen.

Die aus dem Inhaltsverzeichnis ersichtliche Gliederung des Stoffes ist fortschreitend durchgeführt von allgemein einleitenden Bemerkungen über den Zweck der technischen Zeichnungen und die Hilfsmittel zum Zeichnen zu den Herstellungsvorgängen in der Werkstatt, dann zum Zeichnen in Parallelperspektive und schließlich von der Begründung der geometrischen Darstellungsweise übergehend zu den Ansichts- und Schnittzeichnungen, dem Einschreiben der Maße, den Einzelzeichnungen, Stücklisten, Zusammenstellungszeichnungen und Fundamentplänen.

Dem Zweck des Buches entsprechend mußte natürlich der Hauptwert auf reichliches Anschauungsmaterial gelegt werden, denn nur dadurch, nicht durch Worte, kann sich die zum Entwerfen unerläßliche Formenvorstellung entwickeln.

Es dürfte an dieser Stelle überflüssig sein, die Notwendigkeit der Erziehung zum Sehen oder, anders ausgedrückt, zur bewußten geistigen Aufnahme der Form zu betonen; das vorliegende Büchlein aber möge den Weg zu diesem Ziele mit bereiten helfen.

Mittweida, im September 1906.

**Rudolf Krause.**

# Inhalt.

Seite



### VII. Das Einschreiben der Maße.



### VIII. Widerspruch zwischen Zeichnung und Ausführung.



### IX. Zusammenhang und Vollständigkeit der Zeichnungen.

# I. Einleitung und Allgemeines.

———

Das technische Zeichnen hat sich hauptsächlich infolge der in den
Fabriken üblichen Arbeitsteilung und durch Übereinkommen zu einem,
wenn man von ganz unwesentlichen Kleinigkeiten absieht, allgemein
üblichen Ausdrucksmittel entwickelt, für die Ergebnisse der Berechnungen
und Überlegungen des entwerfenden Ingenieurs. Nach den Zeichnungen
müssen die ausführenden Arbeiter einen Gegenstand anfertigen, zusammensetzen und aufstellen können. Damit ist aber der Zweck einer
technischen Zeichnung noch nicht ganz erschöpft, denn nicht nur für
solche Arbeiter, die während ihrer Ausbildungszeit die technische Sprache
der Zeichnung verstehen gelernt haben, werden Zeichnungen angefertigt,
sondern auch für diejenigen, die sich einen technischen Gegenstand,
z. B. eine Maschine, bei einer Fabrik bestellen, und diese Besteller sind
häufig Laien, d. h. sie sind nicht ohne weiteres fähig, die Ausdrucksmittel der technischen Zeichnung zu verstehen. Hieraus folgt aber,
daß die Zeichnung je nachdem, welchen Zweck sie erfüllen soll, ver-
schiedenartig ausgeführt sein muß.

Der Besteller einer Maschine will hauptsächlich die Größe des
Raumes erfahren, der für die Anlage erforderlich ist, er muß also
Skizzen erhalten, d. h. Zeichnungen, auf denen nur das Wesentliche
der Anlage und ihrer Teile möglichst charakteristisch gezeichnet ist,
und in welche die äußeren Maße und der Raum für die Bedienung der
Maschinen eingeschrieben sind. Mit Hilfe dieser Skizzen und ihm zugleich zugeschickten Photographien oder perspektivischen Darstellungen
kann er sich dann auch das Aussehen der Gegenstände vorstellen.

Aber auch die Zeichnungen, die für technisch gebildete Arbeiter
bestimmt sind, fallen verschieden aus, denn sie können für die Werkstatt bestimmt sein oder für die Aufstellung, die sogenannte Montage.

Die Werkstattzeichnung muß dem Arbeiter vollkommen eindeutig
und klar die Form, die genaue Größe, das Material und die Bearbeitung
des Gegenstandes und seiner Teile vor Augen führen und ist dazu bestimmt, bei der Anfertigung benutzt zu werden.

Für die Montage sind Zusammenstellungspläne erforderlich und sogen. Aufstellungspläne und Fundamentzeichnungen.

Um alle diese verschiedenen Zeichnungen brauchbar ausführen zu können, muß man natürlich wissen, welche Arbeiten für die Herstellung und Aufstellung erforderlich sind und welche Fragen die Zeichnung dem Arbeiter alle beantworten muß, und diese Kenntnis soll sich derjenige, der einen technischen Beruf gewählt hat, durch das praktische Arbeiten in einer Fabrik aneignen. Meist ist allerdings der Zweck des praktischen Arbeitens dem Betreffenden selbst noch nicht genügend klar, denn während dieser Zeit klärt ihn gewöhnlich niemand darüber auf, und häufig wollen seine derzeitigen Vorgesetzten, die Vorarbeiter und Werkführer, ihm eine bestimmte Handfertigkeit im Feilen (genaue Fläche feilen, Würfel feilen) oder Drehen usw. geben, was aber dem schon erwähnten Zweck des praktischen Arbeitens zuwiderläuft, weil der Lehrling dadurch den Überblick über die Reihenfolge der Arbeitsvorgänge verliert, und außerdem schon deshalb unmöglich ist, weil die Zeit, die für die praktische Ausbildung zur Verfügung steht, dazu viel zu kurz ist.

In den späteren Abschnitten soll nun an Hand der Arbeitsvorgänge und ihrer notwendigen Reihenfolge das auf der technischen Zeichnung Darzustellende erläutert werden, zunächst soll aber noch einiges über das Zeichenmaterial und die gebräuchlichen Vervielfältigungsverfahren gesagt werden.

## II. Zeichenmaterial und Behandlung desselben.

In technischen Lehranstalten ist eine Methode zur Anfertigung der Zeichnungen gebräuchlich, welche in der Praxis nur in sehr seltenen Fällen zur Anwendung kommt. Der Einfachheit und auch der leichteren Kontrolle wegen wird die Zeichnung vollständig fertig auf einem einzigen dicken weißen Zeichenbogen angefertigt, und zwar der Entwurf zunächst in Blei, darauf werden die Bleistiftlinien mit unverwaschbarer Ausziehtusche nachgezogen, die Körperlinien des Gegenstandes mit schwarzer Tusche, die Maßlinien häufig mit roter Tusche, die Mittellinien blau und hierauf gewöhnlich auch noch die auf Durchschnittzeichnungen geschnittenen Flächen mit bunten Wasserfarben angelegt. Bei diesem Verfahren muß der Zeichenbogen, damit er sich durch das Anlegen mit Farbe und das deshalb vorher notwendige Abwaschen mit Wasser nicht wirft, besonders aufgespannt werden. Man legt dazu den Bogen mit der linken Seite auf das Zeichenbrett und biegt an allen vier Seiten einen Rand von 2—3 cm Breite um. Darauf feuchtet man mit einem Schwamm das Papier auf der linken Seite gehörig an, so daß es ganz weich und wellig wird, muß aber den umgebogenen Rand dabei trocken lassen. Dann dreht man den Bogen um, so daß die nasse linke Seite auf dem Zeichenbrett aufliegt, und feuchtet die rechte Seite ebenfalls ordentlich an, hierbei darf man auch den Rand etwas anfeuchten. Sodann bestreicht man den hochgebogenen Rand mit in Wasser zu einem nicht zu dünnen Brei aufgelöstem Dextrin, klappt ihn herunter auf das Zeichenbrett und streicht ihn mit der Hand fest, indem man darauf achtet, daß das nasse Papier schon so glatt als möglich aufliegt, nötigenfalls versucht man, es durch Ziehen an den Rändern dahin zu bringen. Nach dem Trocknen zieht sich das Papier so stark zusammen, daß es straff aufgespannt ist.

Dies umständliche Verfahren ist natürlich nur nötig, wenn man die Schnittflächen mit Wasserfarbe anlegt; schraffiert man die Schnitte einfach mit schwarzer Ausziehtusche oder Buntstift, so heftet man den Zeichenbogen nur mit Reißzwecken auf das Brett. Die Farben, welche zum Anlegen der Schnittflächen benutzt werden, sollen gleichzeitig Aufklärung geben über die Art des verwendeten Materials. Gebräuchlich sind folgende:

Bronze, Rotguß . . . . . . . . rotgelb,  
Gußeisen . . . . . . . . . grau (Neutraltinte),  
Holz, Leder . . . . . . . . braun,  
Kupfer . . . . . . . . . . rot (karmin),  
Messing, Gelbguß . . . . . . hellgelb,  
Schmiedeeisen . . . . . . . hellblau,  
Stahl . . . . . . . . . . violett.  

Man darf aber von einer farbigen Zeichnung nun nicht verlangen, daß sie eindeutig über das Material Auskunft gibt. Ist z. B. eine Schnittfläche hellblau angelegt, so weiß man, daß der betreffende Teil aus Schmiedeeisen besteht, man weiß aber nicht, welche Art von Schmiedeeisen, ob Walzeisen, Flußeisen, Schweißeisen gemeint ist. Ebenso weiß man bei violetter Farbe nicht, ob Stahl als Flußstahl, Gußstahl, Stahlguß verwendet werden soll. Sodann gibt es verschiedene Arten von Stoffen, namentlich Isoliermaterialien, die in der Elektrotechnik verwendet werden, z. B. Glas, Hartgummi, Glimmer, Ambroin,

Stabilit usw., auch die Dichtungsmaterialien im Maschinenbau, alles Materialien, für deren Unterscheidung die Farben gar nicht ausreichen. Es ist deshalb eine schriftliche Bemerkung über das Material auf der Zeichnung unbedingt erforderlich und damit die bunte Farbe überflüssig. Der mit der Farbe beabsichtigte Zweck der Materialunterscheidung wird in der Praxis durch die Stücklisten auf der Zeichnung besser erreicht, wie im Abschnitt IX gezeigt werden soll.

Das Bemalen mit bunter Farbe ist aber noch aus einem zweiten Grunde überflüssig. Es wird in den Fabriken fast allgemein nach sogenannten Blaupausen gearbeitet, das sind Lichtkopien, die mit einer nach dem Originalentwurf angefertigten Pauszeichnung hergestellt werden. Die Herstellung einer Zeichnung geschieht in der Praxis gewöhnlich folgendermaßen: Der Konstrukteur führt seinen Entwurf vollständig mit allen schriftlichen Bemerkungen, allen eingeschriebenen Maßzahlen usw. auf dickem Zeichenpapier in Blei aus. Nachdem er alles genau auf seine Richtigkeit kontrolliert hat, gibt er die Bleizeichnung einem Zeichner, der Pauspapier oder Pausleinen darüber spannt und alle Linien mit schwarzer Tusche genau durchzeichnet. Hierbei darf nur s c h w a r z e Tusche verwendet werden, keine rote oder blaue, weil nur die schwarzen Linien deutlich nach dem Lichtkopieverfahren kopiert werden können. Auf dem Pauspapier wird nun die Zeichnung vollständig fertiggestellt, mit Überschrift, Stückliste, Signatur usw., wie noch später auseinandergesetzt werden soll, versehen, und dann von dieser Pauszeichnung Lichtkopien oder gewöhnlich Blaupausen gemacht. Zu diesem Zweck wird die Pauszeichnung in einen Rahmen mit Glasplatte so über ein lichtempfindliches Papier gelegt, daß die Pauszeichnung unmittelbar unter dem Glas liegt. Durch geeignete Vorrichtungen wird alles fest gegen die Glasplatte gedrückt und dem Sonnenlicht ausgesetzt. Das lichtempfindliche Papier wird dann von dem Sonnenlicht (oder Tageslicht) chemisch verändert, nur unter den schwarzen Linien der Pauszeichnung nicht. Darauf wird es durch Baden und Waschen fixiert; die Fläche des Papieres erscheint nun blau, alle Linien und alle Schrift aber weiß auf dem blauen Grund. Meist werden mehrere solche Blaupausen angefertigt, eine davon kommt in die Werkstatt; zu diesem Zweck klebt man sie auf dickes Packpapier und umgibt sie mit einem Holzrahmen, damit sie der Arbeiter bei der Arbeit vor sich hinstellen kann. Zum Schutz gegen Beschmutzen wird die Blaupause gewöhnlich noch lackiert.

Da auf dieser Blaupause alle Linien doch nur weiß werden, hat es keinen Zweck, auf der Pauszeichnung rote oder blaue Linien zu ziehen; blaue würden sogar schädlich sein, weil sie lichtdurchlässig sind, also auf der Blaupause undeutlich kopiert würden; aus dem gleichen Grunde ist auch das Anlegen mit Farbe auf der Pauszeichnung unnütz. Man schraffiert deshalb die Schnittflächen auf der Pauszeichnung, um sie als solche zu bezeichnen, einfach mit schwarzen Strichen, oder legt sie mit grauer Farbe (Bleistift) gleichmäßig an; im letzten Falle erscheinen die angelegten Flächen auch, aber schwach hell auf der Blaupause. Ein drittes Verfahren besteht darin, nur die für die Werkstatt bestimmte Blaupause an den Schnittflächen mit Buntstift zu schraffieren.

Zu dem Zeichenmaterial gehören noch ein Zeichenbrett, für den entwerfenden Konstrukteur der besseren Übersicht wegen stehend, Schienen und Winkel, sowie ein Reißzeug. Die Schiene ist gewöhnlich aus Holz, die Winkel sollten besser aus Hartgummi oder noch besser aus durchsichtigem Zellstoff sein, weil Holz sich mit der Zeit immer verzieht. Notwendig sind vier Winkel, zwei größere und zwei kleinere (etwa 40 cm und 20 cm an der längsten Seite) jeder Sorte, die eine Sorte gleichschenklig rechtwinklig, also außer dem rechten Winkel mit zweien zu je 45°, und die andere

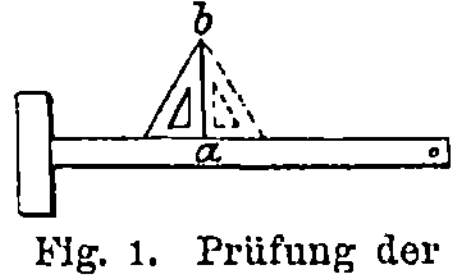

Fig. 1. Prüfung der Zeichenwinkel.

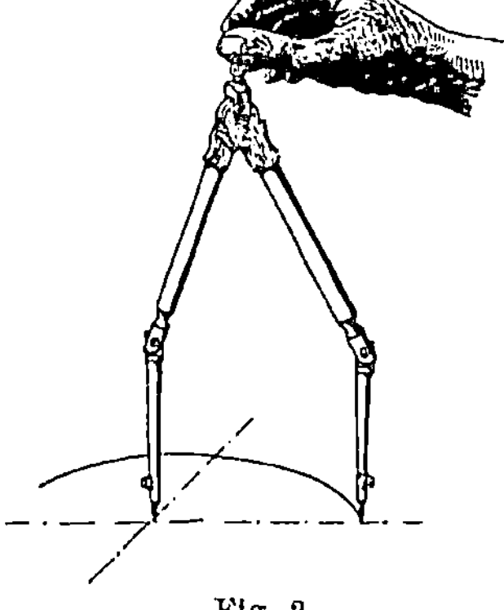

Fig. 2. Richtiges Anfassen des Zirkels.

Sorte außer dem rechten Winkel mit einem von 60° und einem von 30°. Man untersucht die Winkel auf Genauigkeit etwa nach Fig. 1, indem man an einer Kante z. B. *a b* eine Linie zieht, dann muß beim Umlegen des Winkels in die punktierte Lage die gezogene Linie mit der Kante des Winkels zusammenfallen.

Zum Zeichnen muß ein sogenanntes Präzisionsreißzeug verwendet werden. Die Zirkel müssen genau gearbeitet sein und zum Anfassen einen Kopf besitzen, damit man die Schenkel des Zirkels durch Anfassen nicht zusammenschiebt (Fig. 2). Notwendige Teile der Reißzeuge sind ein großer und ein kleiner Zirkel von der Art wie Fig. 2, mit herausnehmbarem Bleifuß, Ziehfeder und Verlängerungsstück, ein großer Spitzenzirkel zum Abmessen oder Abstechen von Längen, ein sogenannter Millimeterstecher zum Abmessen für kleine Längen, ein Nullenzirkel für sehr kleine Kreise und zwei Ziehfedern, eine größere für dicke Striche und eine kleinere für feinere Striche. Außerdem ist für Kreise und Kreisbögen, die sich mit dem großen Zirkel bei eingesetztem Verlängerungsstück nicht ziehen lassen, noch ein Stangenzirkel erforderlich. Für Leser, denen die oben genannten Apparate unbekannt sind, dient Fig. 3 zur Erläuterung. Weitere Apparate als die schon angeführten sind gewöhnlich nicht nötig. Für bestimmte Fälle ist allerdings noch ein Reduktionszirkel zweckmäßig. Gute Reißzeuge liefert unter anderen die Firma C. Riefler, Nesselwang und München, deren Apparate ungefähr das Aussehen der in Fig. 3 gezeichneten haben.

Die zum Ausziehen der Zeichnung benutzte Tusche ist tiefschwarze, flüssige chinesische Tusche (Günther Wagner, Hannover, u. a.). Sie darf nicht mit Stahl in Berührung kommen und muß immer verschlossen werden (also nicht die Zeichenfeder in sie eintauchen!). Man schneidet sich aus Zeichenpapier einen schmalen Streifen, den man zum Füllen der

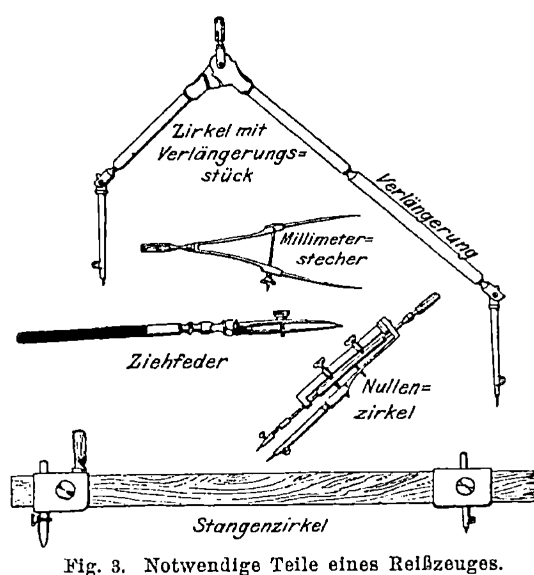

Fig. 3.  Notwendige Teile eines Reißzeuges.

Ziehfedern und Zeichenfedern benutzt. Zweckmäßig für das Füllen der Ziehfedern sind auch Stöpsel mit Glasstangen, die gleichzeitig zum Verschluß der Flaschen dienen.

Die Bleistifte dürfen nicht zu hart sein, Nr. 2 oder 3, und werden am besten mit runder Spitze versehen; die vielfach angewendete flach gefeilte Spitze ist für einen guten Zeichner nur hinderlich, weil sie die Bewegungsfreiheit des Bleistiftes gegen die Schiene und die Winkel beeinträchtigt.

# III. Herstellungsvorgang.

Um eine technische Zeichnung richtig ausführen zu können, bedarf es, wie schon bemerkt wurde, der Kenntnis der Herstellungsvorgänge. Wir wählen ein möglichst einfaches Beispiel, ein Gußstück nach Fig. 4, dasselbe sei innen hohl, wie Fig. 5 im Durchschnitt zeigt. Gußstücke werden bekanntlich vermittelst einer Form hergestellt, in welche flüssiges Eisen gegossen wird. Zur Herstellung der Form muß ein Modell angefertigt werden, gewöhnlich aus Holz, dessen einzelne

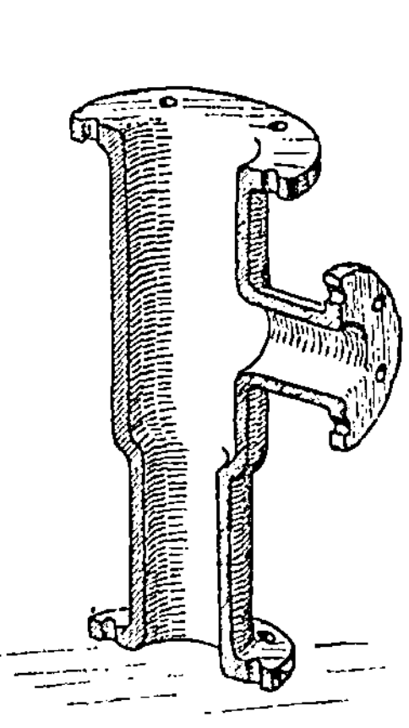

Fig. 4. Rohrstück aus Gußeisen.

Fig. 5. Schnitt durch das Rohrstück aus Fig. 4.

Fig. 6. Teile des Holzmodelles zum Rohrstück nach Fig. 4.

Teile in Fig. 6 gezeichnet sind. Man setzt die Teile zusammen, und so entspricht das Äußere des Holzmodelles ungefähr dem des Gußstückes Fig. 4. Man bemerkt aber in Fig. 6 an den drei Flanschen aufgesetzte Klötze $K$, das sind die sogen. Kernmarken, ihr Zweck wird noch erklärt. Das Modell wird dann in einen Formkasten eingestampft, der mit Formsand gefüllt ist und aus 2 Teilen besteht, die aufeinandergesetzt werden. Die eine Hälfte des Modelles kommt in den unteren Formkasten, die andere in den oberen, wie in Fig. 7 zu sehen ist. In der Form werden noch einige Kanäle vorgesehen, welche zum Eingießen des flüssigen Eisens und zum Entweichen der durch das Eisen verdrängten Luft und der Gase dienen. Damit aber der Körper innen auch hohl wird, muß man einen Kern nach Fig. 8 in die Form hineinlegen. Die Stützpunkte für diesen Kern bilden die durch die Kernmarken des Modelles hervorgebrachten Eindrucke.

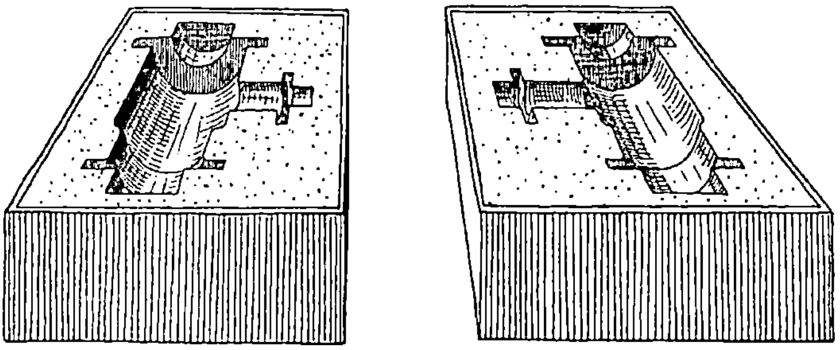

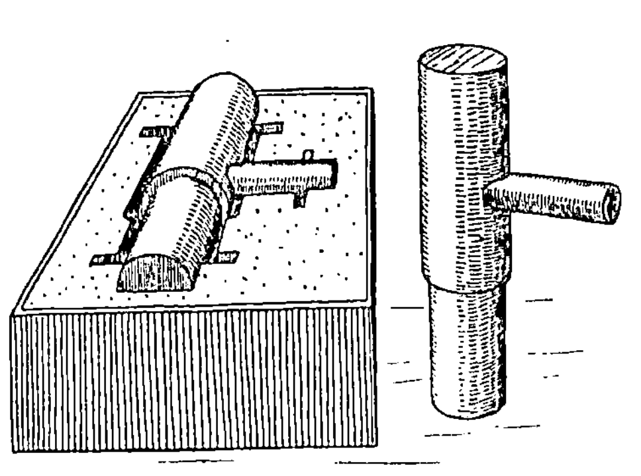

Fig. 7. Formkasten auseinandergeklappt zum Gießen des Rohrstückes nach Fig. 4.

Nach dem Erkalten des Eisens wird der Formkasten auseinandergenommen und das Gußstück herausgehoben. Nachdem der Kern herausgestoßen ist, wird es in der Putzerei von dem an ihm haftenden Sand usw. und den Kernresten im Innern gereinigt und kommt zu dem sogen. Vorreißer, das ist ein Arbeiter, der das Gußstück vorbereitet zum Bohren der Löcher in die Flanschen, die natürlich nicht eingegossen werden

Fig. 8. Kern in den unteren Formkasten eingelegt.

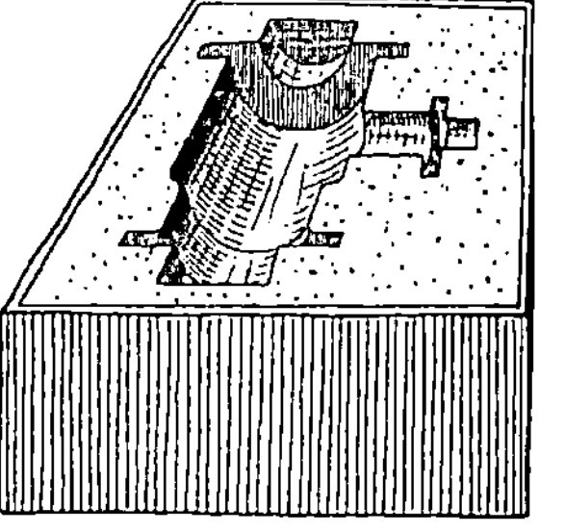

Fig. 9. Vorreißer bei der Arbeit.

können. Der Vorreißer bestreicht zunächst alle die Stellen des rohen Gußstückes, in die Löcher gebohrt werden sollen, mit weißer Farbe, auf welcher er durch sogen. Mittellinien die Mittelpunkte der zu bohrenden Löcher einzeichnet (Fig. 9). Zum Aufsetzen des Zirkels muß er ein Stück Holz in die Bohrung der Flanschen einklemmen, wie aus Fig. 9 ersichtlich. An dem liegenden Gußstück erkennt man die schon vorgezeichneten Mittellinien für die Bohrlöcher in dem oberen Flansch und das noch eingeklemmte Holzstück.

Nach dem Einbohren der Löcher wird schließlich das Gußstück an den Außenseiten der Flanschen auf der Drehbank glatt gedreht. Bei dem Abdrehen werden die Flanschen dünner, es muß deshalb gleich am Modell berücksichtigt werden, welche Flächen bearbeitet werden sollen und welche roh bleiben. Die zu bearbeitenden Flächen müssen am Modell stärker ausgeführt werden, als die auf der Zeichnung angeschriebenen Maße angeben, welche sich stets auf das fertige Arbeitsstück beziehen; deshalb müssen sie auf der Zeichnung als zu bearbeitende Flächen gekennzeichnet sein. Ferner muß noch das sogen. Schwindmaß am Modell berücksichtigt werden, was aber die Modell-

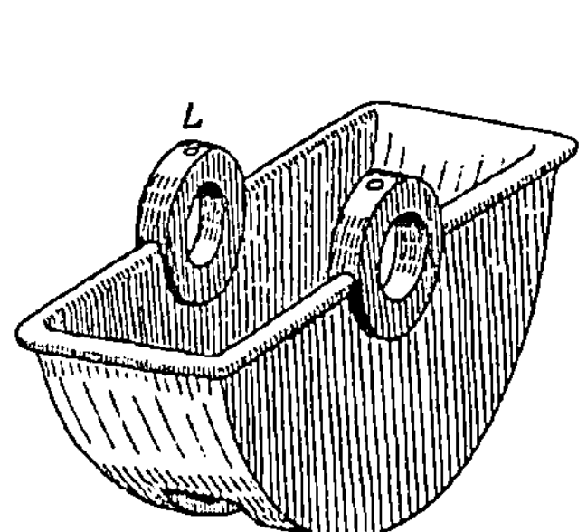


Fig. 10. Schutzkasten für eine Hakenflasche.

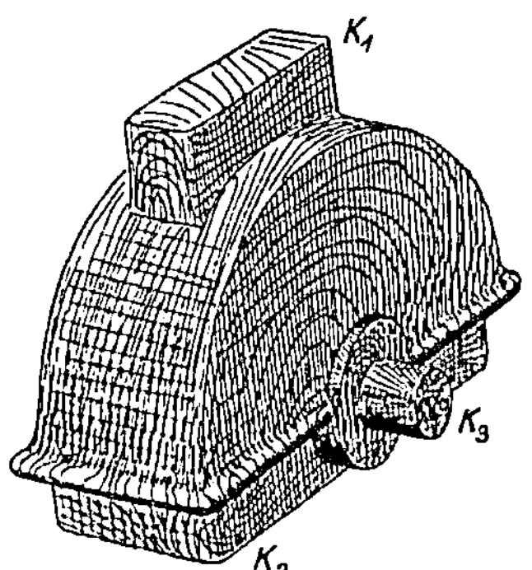


Fig. 11. Holzmodell zum Schutzkasten nach Fig. 10.

tischlerei von selbst besorgt. Da das Eisen flüssig in die Form gegossen wird und ein heißer Körper immer einen größeren Raum einnimmt als ein kalter, so muß das ganze Modell außer an den Arbeitsflächen noch überall etwas größer ausgeführt werden, als das fertige Gußstück werden soll, damit das Gußstück nach dem Erkalten die verlangten Maße besitzt. Die Berücksichtigung dieses als Schwinden bezeichneten Vorganges ist Erfahrungssache und wird, wie schon bemerkt wurde, auf der Zeichnung des Gußstückes nicht angegeben, sondern vom Modelltischler ausgeführt.

Als zweites Beispiel für ein Gußstück ist der Schutzkasten für die Hakenflasche eines Kranes gewählt, der das fertige Aussehen der Fig. 10 besitzt. Das Holzmodell dazu zeigt Fig. 11. Dasselbe wird wieder in zwei Formkästen eingestampft, von denen in Fig. 12 nur der untere gezeichnet ist, weil der obere ebenso aussieht, nur ist bei ihm links und rechts vertauscht, wie auch in Fig. 7, so daß beide Formkastenhälften aufeinandergesetzt einen dem Äußeren des Schutzkastens entsprechenden Hohlraum bilden, wobei aber noch die Kernmarken dazu kommen. Den Kern zeigt ebenfalls Fig. 12. Die Kernmarke $K_1$ am Holzmodell Fig. 11 bewirkt, daß an dieser Stelle das viereckige Loch entsteht, welches am Boden des Schutzkastens Fig. 10 zu erkennen ist, und durch welches, wie später in Fig. 92 zu sehen ist, der Bügel, der den Haken trägt, hindurchgehen muß. Die Löcher für die Welle, auf der der Bügel hängt, und auf welcher die Seilscheiben

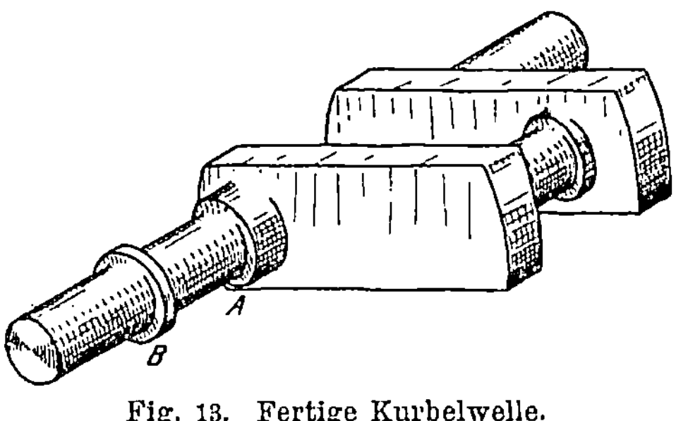

Fig. 12. Unterer Formkasten und Kern zum Gießen des Schutzkastens nach Fig. 10.

sitzen (vergl. wieder Fig. 92), werden durch die Kernmarken $K_3$ (Fig. 11) hervorgerufen, während die große Marke $K_2$ nur Stützfläche für den Kern bedeutet.

Dieses Gußstück würde nach dem Gießen nur sehr wenig bearbeitet, es müßten nur die beiden inneren Seitenflächen der Ringstücke glatt gedreht werden, weil sich die Seilrollen dagegen legen, außerdem müssen oben die beiden Löcher $L$ in die Ringstücke gebohrt und Gewinde in dieselben geschnitten werden zum Einschrauben der Befestigungsschrauben für die Welle (vergl. Fig. 92). Diese zu bearbeitenden Teile müssen also auf der Zeichnung als solche gekennzeichnet werden.

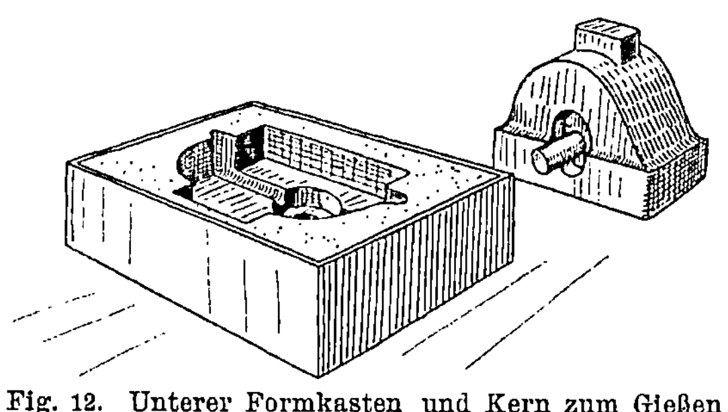

Fig. 13. Fertige Kurbelwelle.

Nicht nur Gußstücke, sondern auch geschmiedete Gegenstände müssen nun ganz oder teilweise bearbeitet werden und können häufig nicht gleich in der fertigen Form hergestellt, sondern müssen erst roh geschmiedet werden. Ein derartiges Beispiel ist eine Kurbelwelle Fig. 13. Sie würde roh geschmiedet werden im Gesenke, worunter man eine der geschmiedeten Form Fig. 14 entsprechende Aushöhlung im Amboß und in dem Hammer versteht. Die Kurbelkröpfung

wird aus der rohen Form Fig. 14 herausgebohrt, dann hat die Welle
das in Fig. 15 gezeichnete
Aussehen. In dieser Form
wird sie an den runden
Flächen abgedreht und an
den ebenen Flächen abge-
hobelt, so daß sie die sogenannten Bunde $B$ und die
sonstigen Ansätze $A$ usw.
erhält. Diese Welle ist ein
Beispiel für vollständige Be-
arbeitung nach dem Schmieden, sie muß roh mit größeren Abmessungen

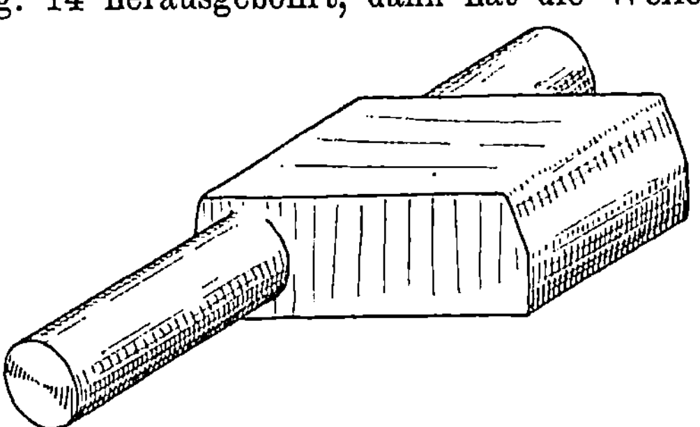

Fig. 14. Roh geschmiedete Kurbelwelle.

ausgeführt werden, als sie
im fertigen Zustand besitzen
soll; da die stärkste Stelle
der Welle bei $B$ liegt, und
da auch dieser Bund außen
glatt gedreht werden muß,
so muß der Durchmesser des
runden Stückes in Fig. 15
etwas größer geschmiedet
werden als der Durchmesser

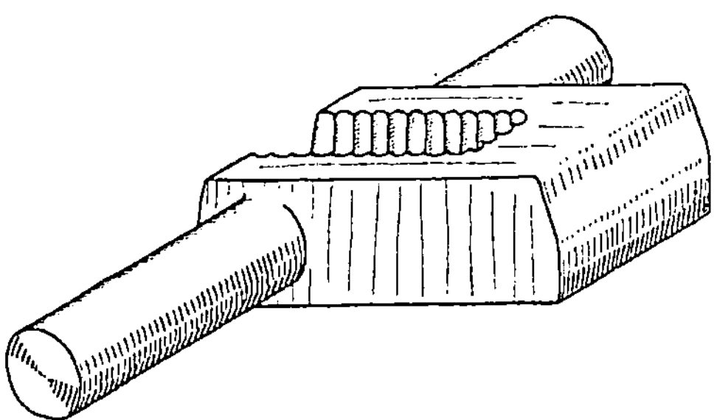

Fig. 15. Ausstoßen der Kurbelkröpfung.

der fertigen Welle bei $B$ (Fig. 13). Da die Welle nicht gut anders
hergestellt werden kann, so ist es selbstverständ-
lich, daß sie bearbeitet wird; man braucht dies
deshalb nicht auf der Zeichnung zu vermerken.

Ein anderes Beispiel für ein Schmiedestück
ist der Haken für einen Kran in Fig. 16. Eine
derartige Form läßt sich gleich zum größten Teil
fertig schmieden, natürlich auch im Gesenke.
Bearbeiten auf der Drehbank läßt der Haken sich
nur an seinem oberen Ende von dem Bund $B$ ab
nach $G$ hin. Es wird deshalb der Bund gleich
mit angeschweißt, nach dem Schmieden oben auf
die vorgeschriebenen Maße abgedreht und bei $G$
Schraubengewinde aufgeschnitten.

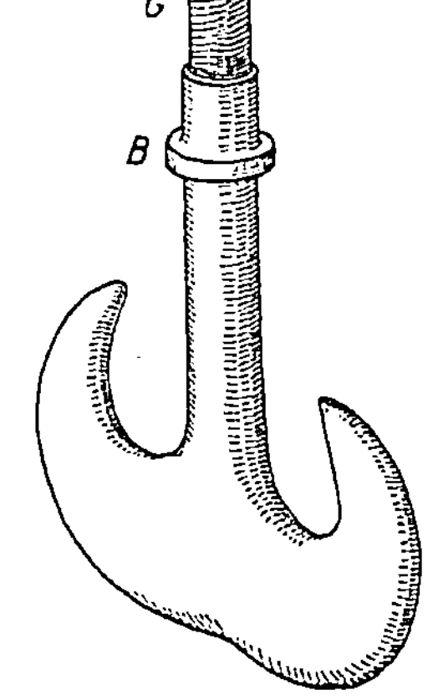


Fig. 16. Lasthaken für
einen Kran.

Die angeführten Beispiele zeigen also,
worauf bei der Zeichnung Rücksicht zu nehmen
ist, und sollen später zum Teil noch weiter verwendet werden.

# IV. Zeichnen zur Entwickelung der Formenvorstellung und die Parallelperspektive.

Jeder, der eine schöpferische Tätigkeit ausübt, muß eine ausreichende geistige Vorstellung der Formen besitzen, und die Vorarbeit, die ein Ingenieur vor dem Aufzeichnen eines Entwurfes zu leisten hat, ist genau die gleiche, wie sie ein Künstler vor dem Beginnen seines Werkes verrichtet, nämlich Formen im Geiste überlegen. Beide, der Künstler und der Ingenieur, schöpfen dabei aus geistigen Erinnerungsschätzen, die sie durch Anschauung oder, besser ausgedrückt, durch bewußtes Sehen früher erworben haben, und die sie zu neuen Werken zusammensetzen. Zu diesem bewußten Sehen der Formen gehört aber Übung, und bekanntlich ist das Zeichnen nach Anschauung und später aus der Vorstellung die beste Erziehung zum· Sehen, außerdem aber ist es ein ausgezeichnetes Mittel zum folgerichtigen Denkenlernen. Das Zeichnen nach der Anschauung läßt sich ohne Modell natürlich nicht ausführen; es kann nach beliebigen nicht zu schwierigen Gegenständen, die durchaus nicht technischer Natur zu sein brauchen, aber möglichst einfache Formen haben müssen, vorgenommen werden. Selbstverständlich muß dieses Zeichnen freihändig gemacht werden. Auf das Größenverhältnis der Teile und ihre Lage zueinander ist möglichst genau zu achten, weil sich dadurch das richtige Schätzen mit den Augen, das Augenmaß, entwickeln läßt, dessen Ausbildung für einen Ingenieur unerläßlich ist. Das Zeichnen aus der Vorstellung muß zunächst aus der Erinnerung an schon gezeichnete Modelle geübt werden, die man nach dem Gedächtnisbild hinzeichnet, und kann sodann mit Hilfe von Beispielen, wie solche nachstehend gewählt sind, weiter entwickelt werden.

Da im Maschinenbau, wie der vorige Abschnitt zeigte, mit Rücksicht auf leichte Herstellbarkeit vermittelst Werkzeugmaschinen die Formen immer möglichst einfach gewählt werden müssen, so greifen sie gewöhnlich auf die geometrischen Körper: Würfel, Balken, Zylinder, Pyramide, Kegel und Kugel, zurück. Bevor wir nun einen solchen Körper zeichnen, drehen wir ihn so, daß in seiner Ansicht möglichst viel gleichzeitig zu sehen ist, und müssen ihn zu diesem Zweck gewöhnlich schief hinstellen.

Die Zeichnung eines schiefstehenden Körpers nennt man „perspektivisch". Solche perspektivischen Skizzen werden bei verwickelten Gegenständen häufig auch auf der technischen Zeichnung ausgeführt, da sie sofort über die Form des Körpers Aufklärung geben. Von diesem perspektivischen Zeichnen ist bisher ja auch schon verschiedentlich Anwendung gemacht worden, besonders in den Figuren des vorigen Abschnittes. Zum Teil sind diese aber, wie Fig. 7, 8, 9, 12, in freier Perspektive gezeichnet, damit ihr Aussehen der Wirklichkeit noch mehr entspricht. Bei dieser freien Perspektive laufen alle Kanten, die in Wirklichkeit parallel sind, scheinbar auf einen Punkt zu, wie man in jedem größeren Saal, auf der Straße usw. erkennen kann. Diese freie Perspektive wird im Maschinenbau gewöhnlich nicht angewendet, weil ihre Gesetze zu verwickelt sind und bei Darstellung kleinerer Einzelgegenstände die einfachere Parallelperspektive genügt, bei der alle in Wirklichkeit parallelen Kanten auch parallel gezeichnet werden.

Das Wesen dieser Parallelperspektive geht deutlich aus Fig. 17 hervor. Man sieht senkrecht auf die Papierebene, dann erscheint ein auf derselben liegendes Quadrat *1 2 3 4* genau in seiner richtigen Größe. Wir denken uns jetzt das Quadrat um eine beliebige wagerechte Achse *A B*, die in der Papierebene liegt, gedreht, so daß Punkt *2* und *1* nach oben bewegt

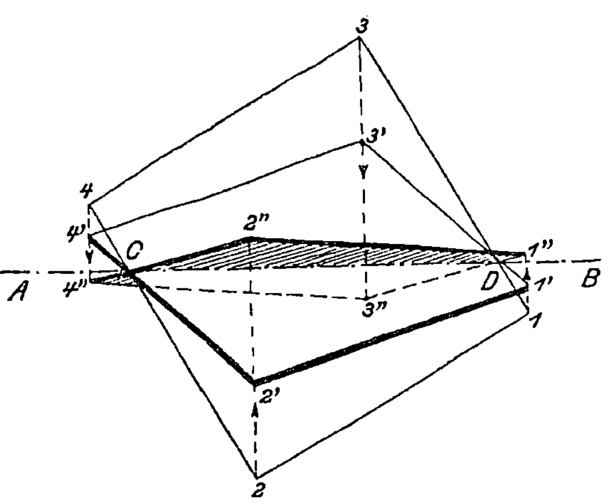

Fig. 17. Quadrat in verschiedene Lagen gedreht.

werden, die Punkte *3* und *4* bewegen sich dann nach unten, alle Punkte aber drehen sich auf Kreisen um die Achse *A B*. Da wir aber senkrecht auf das Papier sehen, so sehen wir diese Kreise als gerade Linien. Drehen wir das Quadrat so lange, bis Punkt *2* nach *2'* gelangt ist, dann ist *1* nach *1'*, *3* nach *3'* und *4* nach *4'* gelangt. Wir können die Lage der Punkte in folgender Weise ermitteln: Nehmen wir an, *2* hat sich bewegt bis nach *2'*, dann muß Punkt *C* immer an derselben Stelle geblieben sein, weil er auf der Drehungsachse liegt. Wir brauchen daher nur *2'* mit *C* zu verbinden und diese Gerade zu verlängern bis zum Schnitt *4'*, dann ist *2'4'* die neue Lage der Seite *2 4*. Da Punkt *D* ebenfalls auf der Drehungsachse liegt und daher an derselben Stelle bleiben muß, brauchen wir nur durch *D* eine Parallele zu *2'4'* zu ziehen, diese bildet dann auf dem Abschnitt *3'1'* die neue Lage der Seite *1 3*. Verbinden wir noch *4'* mit *3'* und *2'* mit *1'*, so ist *2'4'3'1'* die neue Lage des Quadrates *1 2 3 4*. Man erkennt, daß jetzt keine Seite mehr in ihrer wahren Länge erscheint, jede Seite ist scheinbar verkürzt, und alle Winkel sind verändert. Bewegen wir Punkt *2* noch weiter, z. B. nach *2''*, so können wir die neue Lage *2'' 4'' 3'' 1''* des Quadrates auf dieselbe Weise ermitteln, wie soeben beschrieben wurde. In dieser neuen Lage sehen wir von unten gegen das Quadrat.

Das soeben erledigte Beispiel kommt bei allen nachstehenden Zeichnungen immer wieder vor. Wir wenden es zunächst an bei der perspektivischen Darstellung eines Würfels in Fig. 18. Von oben gesehen erscheint der Würfel als Quadrat $ABCD$. Drehen wir dieses

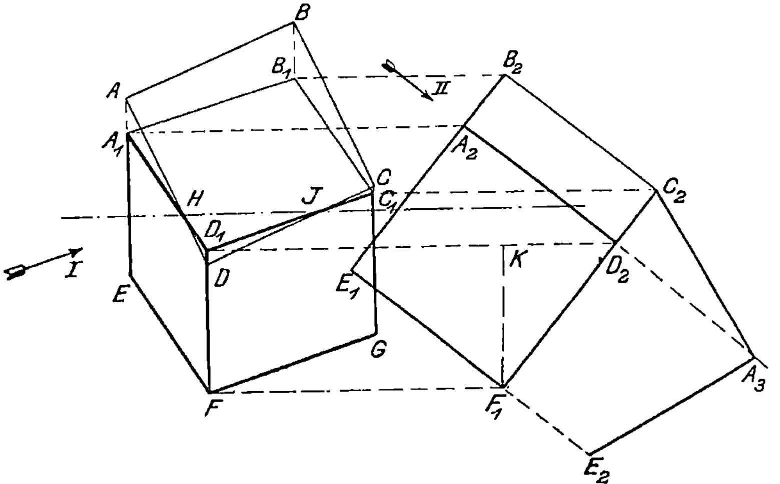

Fig. 18. Würfel in schiefer Lage.

um die Achse $HJ$, bis Punkt $B$ nach $B_1$ gelangt ist, so kommt es in die Lage $A_1 D_1 C_1 B_1$, wie bei Fig. 17 beschrieben wurde. Dadurch werden auch die Seiten $A_1 E$, $D_1 F$, $C_1 G$ sichtbar, aber sie erscheinen nicht in wahrer Länge, sondern verkürzt. Um sie in richtiger Verkürzung zu zeichnen, sehen wir von links aus in der Richtung des Pfeiles $I$ gegen die Fläche $A_1 D F E$, indem wir uns in der wagerechten Ebene so weit drehen, bis wir mit der Sehrichtung senkrecht auf der Kante $A_1 D_1$ stehen. Der Würfel erscheint dann in der Lage $E_1 F_1$ $D_2 C_2 B_2 A_2$. In dieser Lage sind nur die Seiten $B_2 C_2$, $A_2 D_2$ und $E_1 F_1$ in der wahren Länge sichtbar, die Seiten $B_2 A_2$, $A_2 E_1$, $F_1 D_2$ und $D_2 C_2$ erscheinen wieder verkürzt. Um die Lage $A_2 D_2 C_2 B_2$ der oberen Quadratfläche zu zeichnen, nehmen wir die wahre Seitenlänge $AD$ des Quadrates in den Zirkel und tragen sie von dem beliebig auf der Wagerechten $A_1 A_2$ angenommenen Punkt $A_2$ so ab, daß sie zwischen die Wagerechten $A_1 A_2$ und $D_1 D_2$ paßt, und finden dadurch Punkt $D_2$, welcher dem Punkt $D_1$ entspricht. Da die Winkel in der neuen Lage $A_2 B_2 D_2 C_2$ rechte Winkel sind, lassen sich die Punkte $B_2$ und $C_2$ leicht finden, wie aus Fig. 18 folgt. Um noch die scheinbare Länge der Seiten $A_2 E_1$ und $D_2 F_1$ zeichnen zu können, denken wir uns in der Richtung des Pfeiles *II*, gegen den Würfel sehend. Es erscheint die Seite $B_2 A_2$ dann in der Lage $C_2 A_3$ und in ihrer wahren Länge (also gleich der Quadratseite), ebenso die Seite $A_3 E_2$, welche der Seite $A_2 E_1$ und $A_1 E$ entspricht, wodurch sich Punkt $F_1$ ergibt und Punkt $E_1$. Das Lot $F_1 K$ von $F_1$ aus gibt die Verkürzung der Seite $DF$. Selbstverständlich stehen die verkürzten Seiten $A_1 E$, $D_1 F$ und $C_1 G$ scheinbar senkrecht, weil wir nur um die wagerechte Achse $HJ$ gedreht haben.

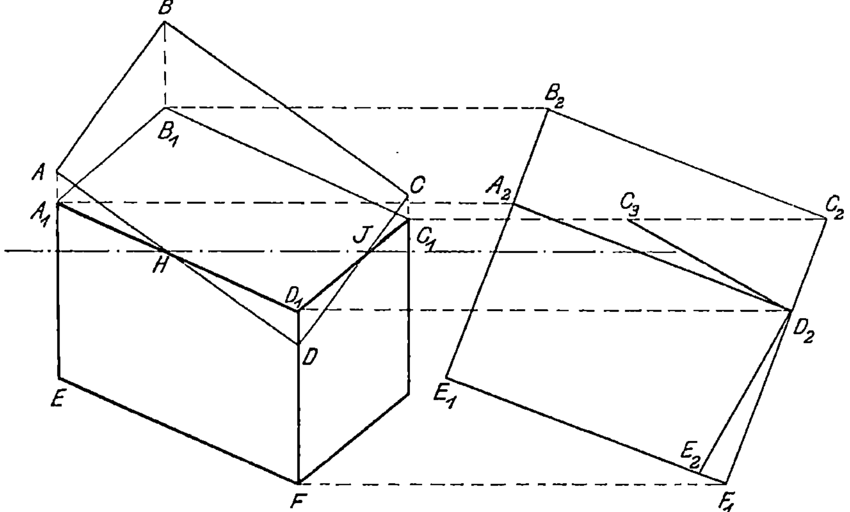

Fig. 19. Balken in schiefer Lage.

Haben wir einen rechteckigen Balken von quadratischem Querschnitt nach Fig. 19, so erhalten wir aus dem Grundriß $ABCD$ durch Drehen um eine beliebige Achse $HJ$ die neue Lage $A_1 B_1 C_1 D_1$ in der gleichen Weise wie bei Fig. 17 oder 18. Da hier die Drehachse durch die Seite $A_1 D_1$ geht, müssen wir zur Ermittelung der Verkürzung gegen die Fläche $A_1 D_1 FE$ sehen, genau wie bei Fig. 18, und schließlich gegen die Fläche, von der man die Kanten $B_2 A_2$ und $A_2 E_1$ sieht, wo sich Punkt $B_2$ mit $C_2$ und $A_2$ mit $D_2$ deckt. $A_2 B_2$ erscheint dann in wahrer Länge $C_3 D_2 = AB$, und $A_2 E_1$ in seiner wahren Länge $D_2 E_2$. Im übrigen ist die Konstruktion die gleiche wie bei Fig. 18, nur ist hier die Zeichnung etwas anders ausgeführt.

Die Pyramide Fig. 20 läßt sich leicht mit dem geneigten Quadrat $ABCD$ zeichnen, dessen Lage nach Fig. 17 aus dem Quadrat $1\,2\,3\,4$ entsteht, wenn dasselbe um die Achse $EF$ gekippt wird. Ist $OM$ die

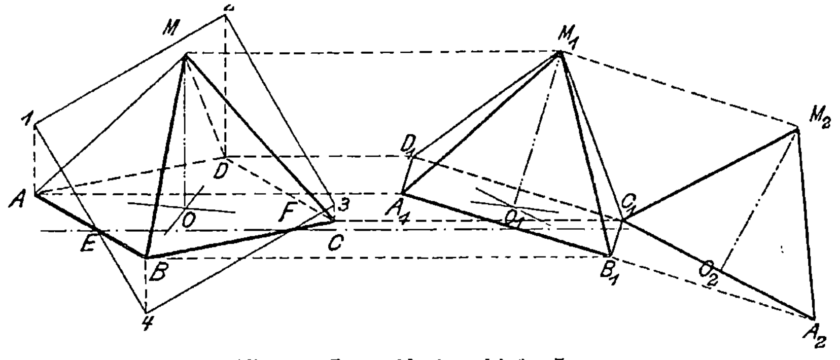

Fig. 20. Pyramide in schiefer Lage.

scheinbare Höhe der Pyramide, so ist zu beachten, daß sie im Mittelpunkt der Grundfläche, also im Schnitt der Diagonalen $AC$ mit $BD$ stehen muß, und zwar senkrecht auf der Drehungsachse $EF$. Die wahre Höhe der Pyramide läßt sich finden, wenn wir so gegen die

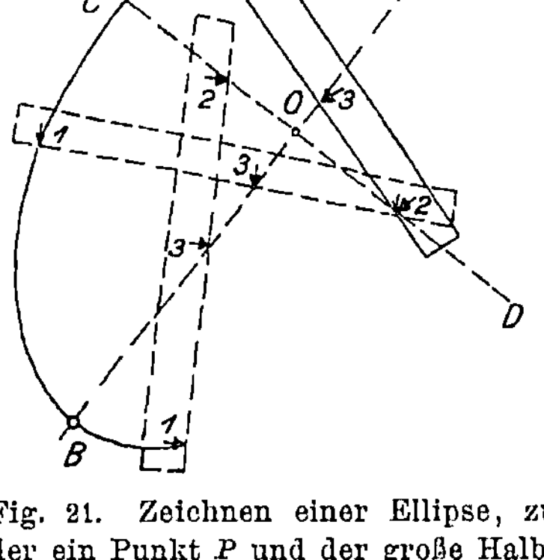

Fig. 21. Zeichnen einer Ellipse, zu der ein Punkt $P$ und der große Halbmesser $OA$ gegeben sind.

Fläche $ABM$ derselben sehen, daß die Grundfläche in der Lage $A_1B_1C_1D_1$ erscheint.

Die Konstruktion dieser Lage ist genau so wie in Fig. 18 und 19 die Flächen $A_2B_2C_2D_2$ gezeichnet wurden. Um noch die scheinbare Höhe $OM$ und $O_1M_1$ aus der wirklichen Höhe $O_2M_2$ zu finden, sehen wir so gegen die Kante $D_1A_1$, daß Punkt $C_1$ mit $D_1$ und Punkt $B_1$ mit $A_1$ zusammenfällt, dann erhalten wir die Gerade $C_1A_2$, in der die Grundfläche sich darstellt und auf deren Mitte die wahre Höhe $O_2M_2$ steht. Es ist auch diese Konstruktion die gleiche wie bei Fig. 18 und 19, nur muß sie sinngemäß abgeändert werden.

Aus der Pyramide entsteht der Kegel, wenn deren Grundfläche ein Kreis ist. Aus einem Kreis wird in der perspektivischen Ansicht eine Ellipse. Eine einfache Möglichkeit, Ellipsen zu zeichnen, ist in Fig. 21 erläutert. Es sei der große Halbmesser $OA$ gegeben und ein

Punkt *P*. Man zeichnet dann auf ein Stück Papier die Länge $OA =$ der Strecke *1—2* auf, legt den Papierstreifen mit *1* auf *P* und mit *2* auf die zu *BA* durch *O* gelegte Senkrechte *CD*, dann ergibt sich der Punkt *3*. Verschiebt man den Papierstreifen nun immer so, daß Punkt *2* auf der Linie *CD* wandert und Punkt *3* auf der Linie *BA*, so beschreibt Punkt *1* die verlangte Ellipse.

Denken wir uns in das Quadrat der Anfangsfigur 17 einen Kreis einbeschrieben, so erhält man Fig. 22, *ABCD*. Das Quadrat erhält

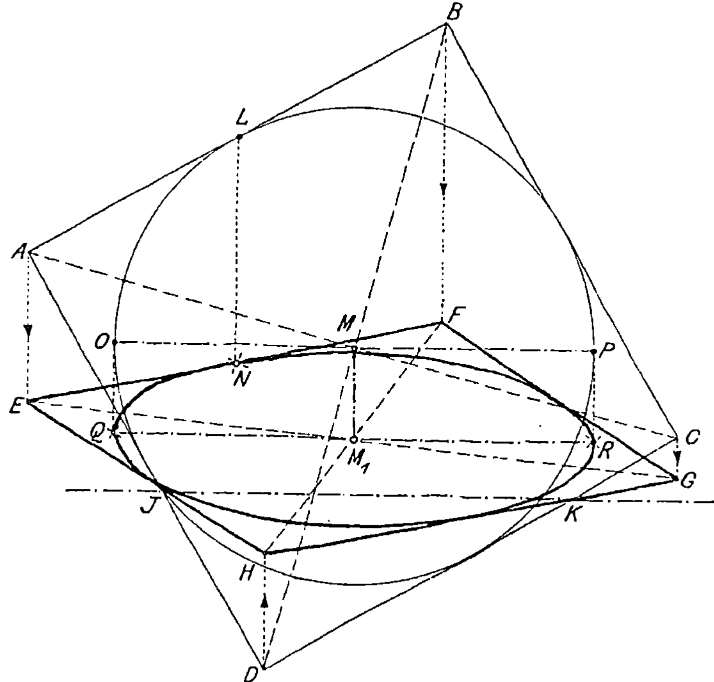

Fig. 22. Quadrat mit Kreis in schiefe Lage gedreht.

durch Drehen um die Achse *JK* das Aussehen *EFGH*. Sein Mittelpunkt $M_1$ (Schnittpunkt der beiden Diagonalen *EG* und *FH*) ist auch der Mittelpunkt der Ellipse, in die sich der Kreis verwandelt. Da wir das Quadrat um die wagerechte Achse *JK* drehen, so muß der große Durchmesser der Ellipse auch wagerecht liegen. Denkt man sich in den Vorgang des Drehens um die Achse *JK* hinein, so muß einleuchten, daß der große Durchmesser der Ellipse genau gleich dem Durchmesser des Kreises bleiben muß; da er außerdem durch $M_1$ läuft, so ergibt sich *QR* als großer Ellipsendurchmesser. Um die Ellipse nach Fig. 21 zeichnen zu können, müssen wir noch einen Punkt kennen. Wählen wir $L$, den Berührungspunkt des Kreises mit der Quadratseite $AB$, so muß beim Drehen $L$ nach $N$ gelangt sein und es läßt sich mit dem großen Halbmesser $QM_1$ und dem Punkt $N$ die Ellipse zeichnen. Denken wir uns in Punkt $M$ eine auf der Ebene des Quadrates senkrechte Achse errichtet, also die Umdrehungsachse für den Kreis, so würde man durch Neigen diese Achse in die Richtung $MM_1$ bringen, und man

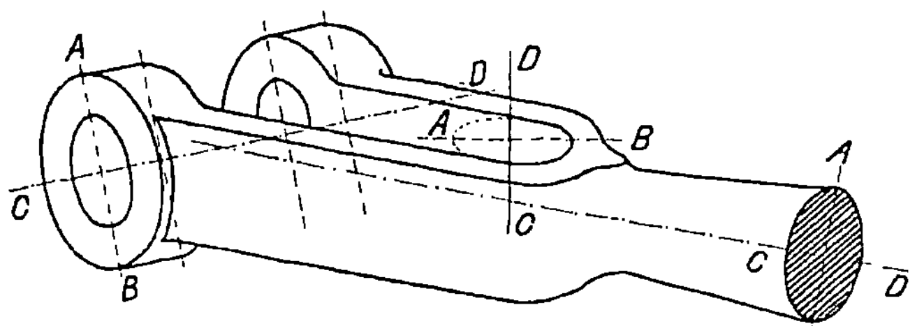

Fig. 23. Falsche Darstellung der Ellipsen.

erkennt jetzt, daß $QR$ senkrecht auf $MM_1$ steht. Aus Fig. 22 folgt für das perspektivische Zeichnen der Lehrsatz:

**Der große Durchmesser einer Ellipse steht immer senkrecht auf der Umdrehungsachse des Kreises, aus dem die Ellipse durch Neigen entstanden ist.**

Gegen diesen Lehrsatz werden heute sehr viele Verstöße gemacht, und doch würde man bei einer besseren Erziehung zum Sehen ohne weiteres aus der Anschauung das Gefühl dafür bekommen.

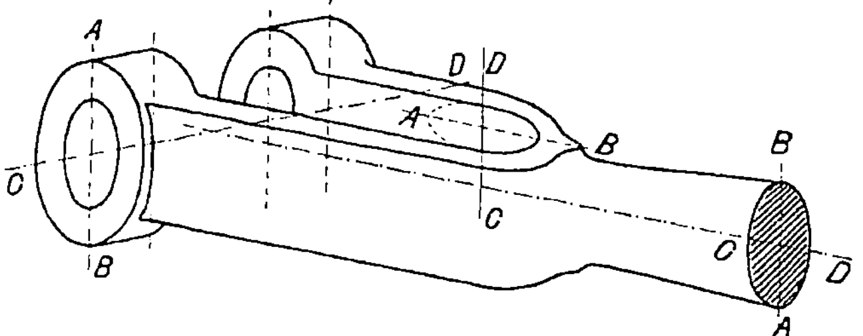

Fig. 24. Richtige Darstellung zu Fig. 23.

Zeichnet man falsch wie in Fig. 23, woselbst die großen Durchmesser $AB$ der Ellipsen nicht senkrecht auf den Umdrehungsachsen $CD$ der Kreise stehen, so sieht der Körper vollständig verbogen aus, wenigstens für solche Augen, die bewußtes Sehen gelernt haben, während Fig. 24

richtig gezeichnet ist und deshalb auch nicht verbogen aussieht, obgleich auch hier alle Kreise Ellipsen sind. Weitere richtig gezeichnete Ellipsen sind in Fig. 25 veranschaulicht, die schematische Darstellung eines sogen. Planetengetriebes. Wer noch mehr Beispiele wünscht, betrachte einen sich drehenden Kreisel oder eine Tasse oder die Räder eines Wagens; kommt letzterer schräg auf den Beschauer zu, so erscheinen diesem die Räder als Ellipsen, mit senkrecht stehendem großen Durchmesser, da die Umdrehungsachsen der Kreise, also die Achsen der Räder, wagerecht liegen.

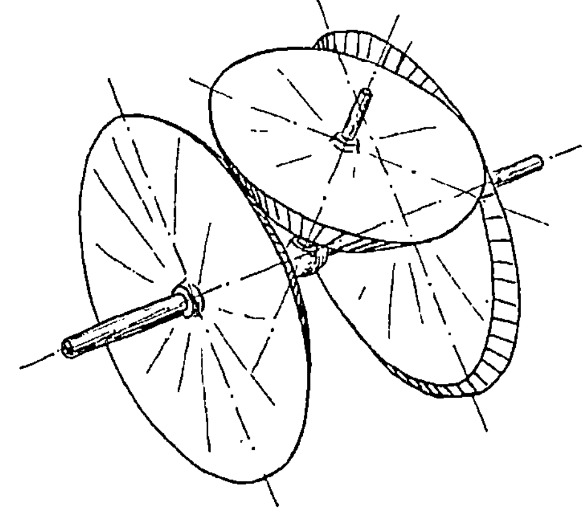

Fig. 25. Darstellung eines Planetengetriebes.

Eine gleichzeitige Anwendung von Fig. 19 und des soeben behandelten perspektivischen Aussehens der Kreise ist der Zylinder. Man zeichnet zuerst nach Fig. 19 den rechteckigen Balken auf in Fig. 26, bestimmt die Lage und Richtung der Mittelachse $AB$ vermittelst der Diagonalen in der Vorderfläche und legt dann den großen Durchmesser $CD$ der Ellipse senkrecht zu $AB$. Für die Ellipse selbst sind außer der Länge des großen Halbmessers, der gleich der wahren Seitenlänge der quadratischen Vorderfläche sein muß, noch 4 Punkte, die Mittelpunkte der Quadratseiten, gegeben, so daß sie nach Fig. 23 gezeichnet werden kann. Mit

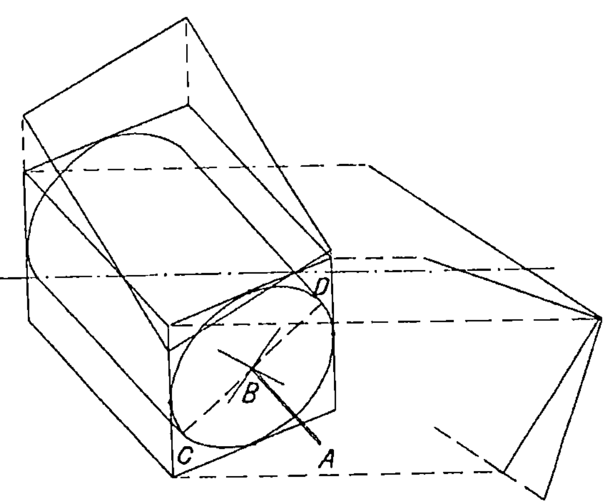

Fig. 26. Zylinder in schiefer Lage.

dem Zylinder sind dann die hauptsächlichsten Grundformen erschöpft.

Fast immer kommen aber bei Maschinenteilen Schnittflächen und Durchdringungen vor, von denen unbedingt die richtige Vorstellung vorhanden sein muß, und welche bei falscher Darstellung sehr leicht ein vollkommen unrichtiges oder wenigstens zweifelhaftes Bild des darzustellenden Körpers liefern.

Schneiden wir von einem Zylinder ein Stück schräg zur Längsachse des Zylinders ab, wie in Fig. 27, so wird die Schnittfläche zu einer Ellipse. Bezeichnet $JH$ die Neigung der Schnittebene gegen die Längsachse $EF$ und durchschneidet dieselbe die Vorderfläche des Zylinders in der Linie $AB$, so läßt sich die Schnittfigur auf folgende Weise zeichnen: $CJ$ ist die Richtung, welche die in Wirklichkeit wagerechten Kanten der Vorderseite des den Zylinder umschreibenden rechteckigen Balkens haben würden (sie entspricht also der Richtung $D_1C_1$ in Fig. 19). Zieht man durch $G$ eine Parallele $GH$ zur Längsachse $EF$, so ist der Schnittpunkt $H$ dieser Geraden mit $JH$ ein Punkt der Schnittfläche.

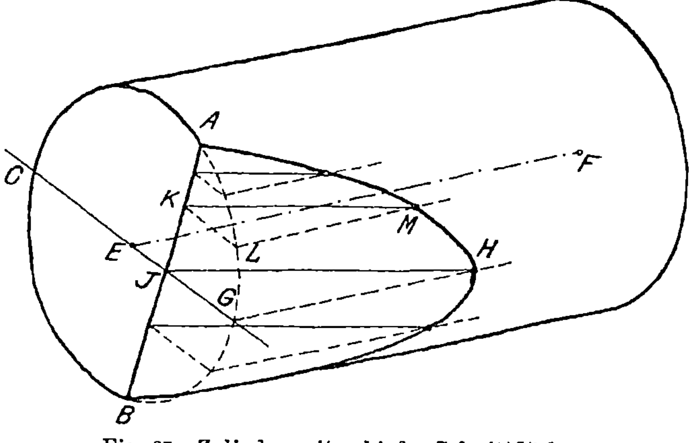

Fig. 27. Zylinder mit schiefer Schnittfläche.

Um noch mehr Punkte zu finden, ziehen wir Parallelen $KL$ zu $CJ$, Parallelen $LM$ zur Längsachse und Parallelen $KM$ zu $JH$, wie Fig. 27 zeigt. Wie man an Fig. 27 erkennt, haben wir zur Bestimmung der Schnittfigur Hilfsebenen ($GJH$, $KLM$) benutzt, die parallel zur Längsachse des Zylinders liegen.

Solche Hilfsebenen werden zweckmäßig für alle Schnittfiguren und auch für die Durchdringungen benutzt. Ein weiteres Beispiel ihrer Anwendung bietet der Kegelschnitt (Fig. 28). Durchdringt die Schnittebene die Grundfläche des Kegels in der Geraden $AB$ und ist ihre Neigung durch die Gerade $CD$ bestimmt, so legen wir die Hilfsebenen ($MFDE$) so, daß die Längsachse $ME$ auf ihnen liegt. Der Schnittpunkt der Hilfsebene mit der Schnittfläche ($D$) ist ein Punkt der Schnittfigur, welche beim Kegel eine Parabel ist. Weitere Einzelheiten gehen aus Fig. 28 hervor, woselbst auf der linken Seite noch eine zweite schneidende Ebene gezeichnet ist, mit einer anderen Neigung als die erste.

Ein Beispiel für eine Durchdringung ist in Fig. 29 gegeben. Ein kleinerer Zylinder durchdringt einen größeren, dabei ist angenommen, daß die beiden Längsachsen ($MO$ und $EF$) sich schneiden. Wir legen die Hilfsebenen durch beide Zylinder so, daß sie parallel den beiden Längsachsen verlaufen. Die Linien $AK$, $CL$ und $HJ$ verlaufen parallel zu den wagerechten Kanten der quadratischen Vorderfläche des rechteckigen Balkens, der dem großen Zylinder umschrieben werden kann (vergl. Fig. 27). Legen wir eine Hilfsebene so, daß sie den kleineren Zylinder nur berührt, nicht schneidet, auf der Linie $AB$, so finden wir den Punkt $B$, bei welchem

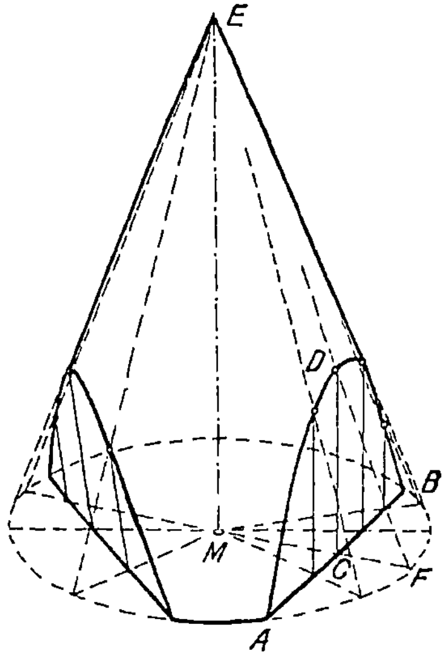

Fig. 28. Kegel mit Schnittflächen.

die Linie $AB$ in den großen Zylinder eindringt, indem wir $AB$ bis $C$ verlängern, $CD$ parallel $EF$ legen, dann $DG$ parallel $MO$ und $GB$ wieder parallel $EF$. Für einen andern Punkt ($1$) folgt die Lage der Eindringung ($6$) in den großen Zylinder der Reihe nach, wie die Zahlen aufeinander folgen: $1\,2$ parallel zu $EF$, $2\,3$ parallel $MO$, $3\,4$ parallel $EF$, $4\,5$ parallel $MO$ und $5\,6$ parallel $EF$.

Bestimmt man für mehrere Geraden

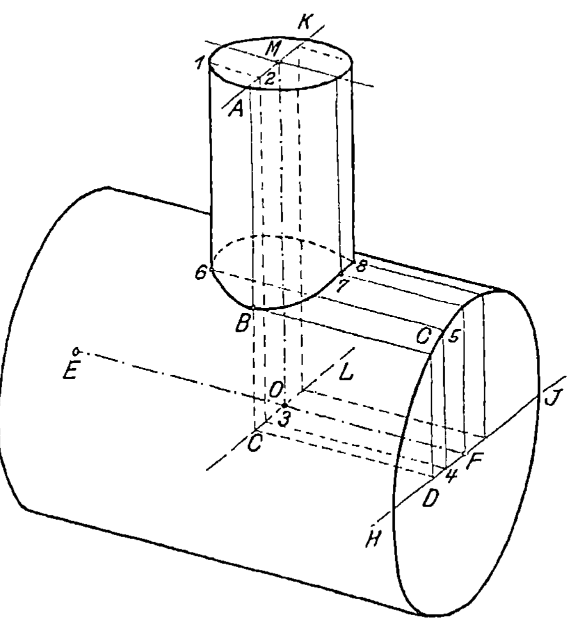

Fig. 29. Durchdringung zweier Zylinder.

auf dem Umfang des kleinen Zylinders in derselben Weise die Eindringung in den großen Zylinder, so erhält man durch Verbinden dieser Eindringungspunkte die Durchdringungskurve *6 B 7 8* beider Zylinder.

Durchdringungen nach Fig. 30 treten auf bei Lagerfüßen, die mit Warzen für Schrauben versehen sind. Wir legen eine Hilfsebene mitten durch den Kegel und den Fuß des Lagers, also durch die Linien *MK* und *FE*; diese Hilfsebene schneidet den Lagerfuß auf der Spur *LCDE*. Wollen wir dann für einen Punkt *G* bestimmen, wo die durch ihn und die Spitze *S* laufende Gerade *GS* in den Fuß des Lagers ein-

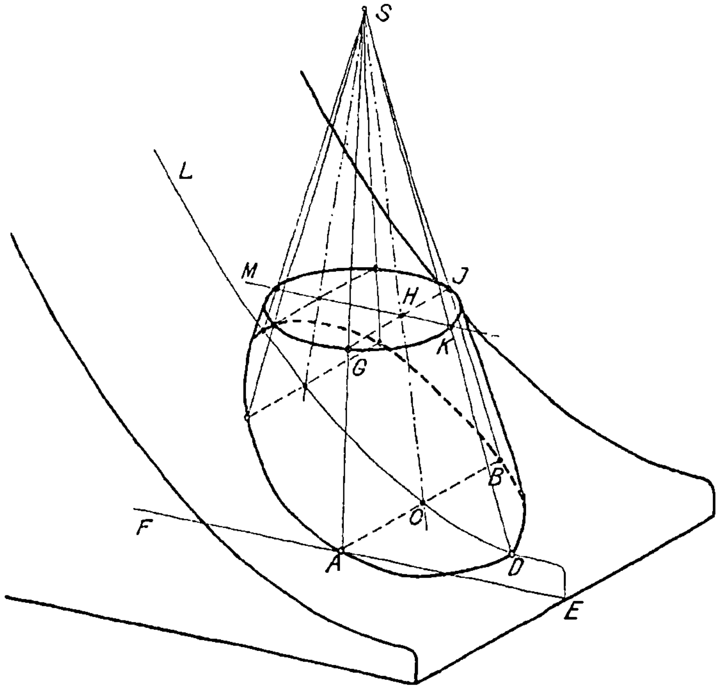

Fig. 30. Durchdringung eines Kegels mit einer beliebigen Fläche.

dringt, so legen wir durch *G* und *S* eine weitere Hilfsebene parallel zur Vorderkante des Lagerfußes: wir ziehen also *GJ*, darauf *HS* und verlängern diese Gerade bis zum Schnittpunkt *C*, durch *C* wird eine Parallele zur Vorderkante des Fußes, also auch parallel zu *GJ* gelegt, und ihr Schnittpunkt *A* mit der verlängerten Geraden *GS* ist der Punkt, an dem die Gerade *GS* in den Fuß eindringt. (In Fig. 30 fällt *A* zufällig auf die Gerade *FE*, die natürlich nichts mit diesem Punkt zu tun hat.) Auf ähnliche Weise finden wir dann beliebig viele Punkte (*A*, *B*) für die Durchdringungskurve. Der tiefste Punkt *D* wird ebenso wie der ihm gegenüberliegende höchste Punkt der Durchdringungskurve schon mit der ersten Hilfsebene gefunden, welche bestimmt ist durch die Linien $MK$ und $FE$, indem man durch die Punkte $M$ und $K$ Linien zieht, die durch die Spitze $S$ verlaufen, und die man verlängert, bis sie die Spur $LCDE$ schneiden.

In Fig. 31 ist dann ein solches Lager gezeichnet, bei welchem Durchdringungen nach Fig. 30 vorkommen, beim Fuß; die Durchdringung beim Deckel kann auf genau dieselbe Weise bestimmt werden.

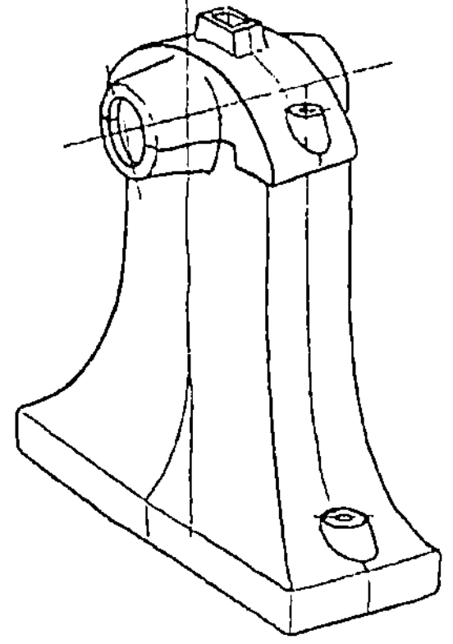

Fig. 31. Lagerbock mit Durchdringungen nach Fig. 30.

Schneiden wir von einer Kugel durch eine Ebene ein Stück ab, so ist die Schnittfläche immer ein Kreis, der natürlich perspektivisch zur Ellipse wird. Für genauere Bestimmung der Ellipsen wird die Ausführung in Fig. 32 benutzt. Es ist dort von einer Kugel mit dem Mittelpunkt $M$ ein Stück herausgeschnitten. Die eine Schnittebene ist gegeben durch die Fläche $ABCD$, die zweite Schnittebene steht in Wirklichkeit senkrecht zu dieser und ist bestimmt durch die Geraden $EF$ und $HO$. Die Bestimmung der Schnittfigur der Fläche $ABCD$ mit der Kugel ist genau die gleiche wie die Konstruktion in Fig. 22; wir brauchen deshalb hier nicht mehr darauf einzugehen. Neu ist dagegen

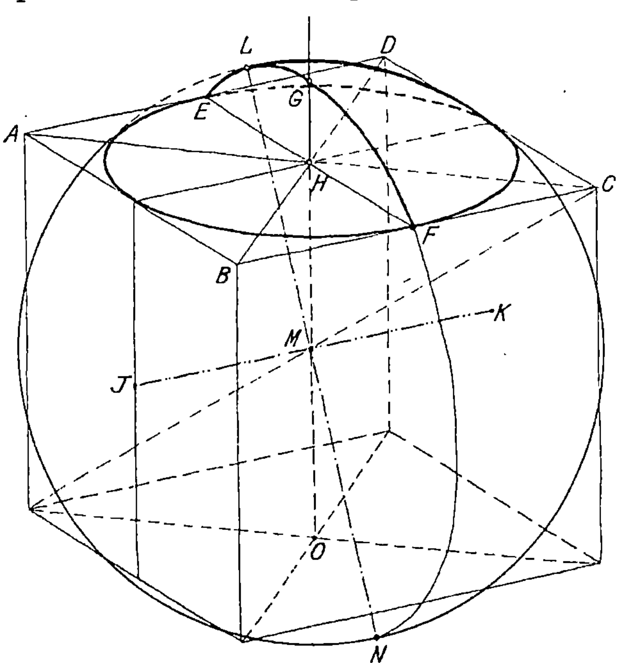

Fig. 32. Zeichnen der Schnittflächen an einer Kugel.

die Bestimmung der Ellipse $ELGFN$. Es verlaufe $EF$ parallel zur Kante $AB$, dann muß $JK$ die Drehungsachse für den Kreis sein, der perspektivisch zur Ellipse $ELGFN$ wird. Der große Durchmesser $LN$ der Ellipse muß folglich senkrecht auf $JK$ stehen, und außerdem muß $LN$, da die Schnittebene mitten durch die Kugel geht, gerade so groß bleiben wie der Durchmesser der Kugel. Lage und Länge des

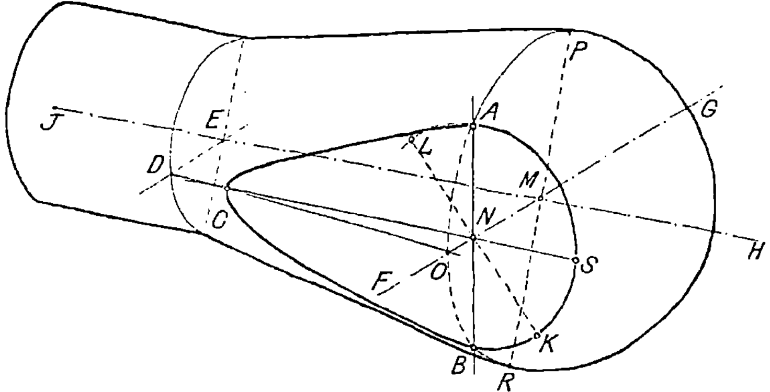

Fig. 33. Grundform für einen geschmiedeten Stangenkopf.

großen Durchmessers der Ellipse sind also bekannt. Weiter muß die Ellipse durch den Punkt $F$ verlaufen, so daß sie nach Fig. 21 gezeichnet werden kann. Die Mittelachse $OH$ wird beim Punkt $G$ aus der Kugel heraustreten.

In Fig. 33 ist die Grundfigur eines geschmiedeten Stangenkopfes gezeichnet, der aus den Körpern Kugel, Kegel und Zylinder zusammengesetzt ist. Derselbe soll fertig bearbeitet das Aussehen der Fig. 34 haben. Es muß deshalb auf beiden Seiten eine ebene Fläche gehobelt werden, deren Schnittfigur nach Fig. 33 in folgender Weise bestimmt werden kann: $HJ$ ist die Hauptlängsachse und $FG$ die in Wirklich-

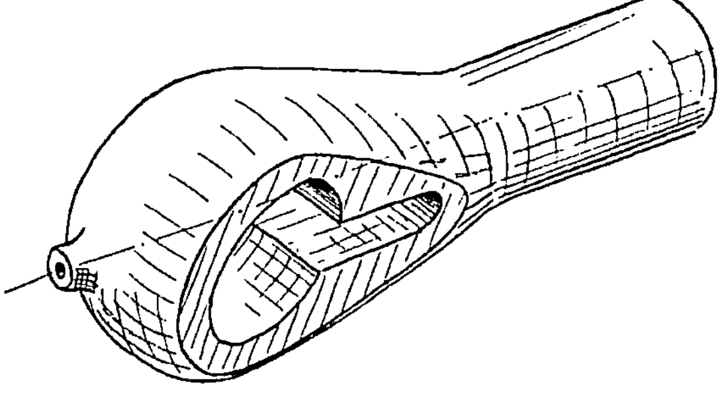

Fig. 34. Geschmiedeter Stangenkopf.

keit senkrecht dazu verlaufende Querachse; beider Richtung bestimmt sich nach Fig. 17. Es möge die abzuhobelnde Fläche den Abstand $MN$ vom Mittelpunkt $M$ der Kugel besitzen. Geht man von dem die Kugel umschließenden Würfel aus, so ist die Ellipse $PAOBR$ bestimmt durch den großen Durchmesser $PR$ senkrecht auf $JH$ und den Punkt $O$ (Mittelpunkt der seitlichen Würfelfläche). Weiter ist für die Ellipse

*L A S K B* bestimmt der große Durchmesser *LK* senkrecht auf *FO* und den Punkt *S*, wenn man die Konstruktion nach Fig. 32 anwendet, woselbst die Geraden *EF* und *HO* den Geraden *BA* und *FO* in Fig. 32 entsprechen. Die Figur *ACB* ist dann der ebenfalls schon früher erörterte Kegelschnitt (Fig. 28), dessen höchsten Punkt *C* man durch den Schnitt von *OD* mit *CS* findet, wenn *DE* parallel *FG* und *CS* parallel *JH* ist. Bei Fig. 33 ist die Konstruktion nicht mehr so ausführlich durchgeführt worden, weil beim perspektivischen Zeichnen eine genaue Konstruktion gewöhnlich nicht erforderlich ist; sie ist vielmehr nur dann anzuwenden, wenn man sich über die Form nicht ganz klar ist oder wenn man an der Skizze Unnatürliches bemerkt, das verbessert werden soll.

Die bisher angeführten Beispiele sind mit Rücksicht auf Entwickelung des Vorstellungsvermögens fast alle möglichst genau konstruiert. Die dazu benutzten Methoden dürfen natürlich nicht mechanisch nachgemacht werden, sondern sie müssen vollkommen verstanden sein und sollen dann sinngemäß an ähnlichen Fällen versucht werden. Um für solche Leser, denen das bisher Behandelte nicht ausreichend erscheint, noch weitere Beispiele zu geben, verweise ich hier auf die Werke von Volk und Keiser.[1])

Für eine Skizze, die gewöhnlich nur den Zweck hat, eine möglichst klare Aufklärung über die Form des Gegenstandes zu geben, bei der es also gar nicht auf geometrische Genauigkeit ankommt, ist eine solch genaue Konstruktion, wie bisher durchgeführt, meist unnötig Jeder, der über eine ausreichende Formenvorstellung verfügt, wird sie entbehren können. Sehr zweckmäßig ist es allerdings, wenn man die Form noch durch besondere Mittel hervorhebt. In der Wirklichkeit ergibt sich die Form immer aus der Verteilung von Licht und Schatten. Wir können deshalb auch in der Skizze eine Schattierung anwenden und nehmen meist das Licht von links oben und vorn einfallend an, dann sind alle rechts liegenden Teile des Körpers dunkler als die links liegenden. Auf die vollkommen richtige Verteilung von Licht und Schatten kommt es natürlich gar nicht an, es soll durch dieses Verfahren nur die Plastik des Körpers, also die Form seiner Oberfläche möglichst deutlich gemacht werden, deshalb ist es unter Umständen möglich, das Licht nicht von links, sondern von vorn oder von rechts einfallen zu lassen, wenn dadurch der Körper deutlicher wird, denn

---

[1]) Volk, Das Skizzieren von Maschinenteilen in Perspektive, 2. Aufl., und Keiser, Das Skizzieren ohne und nach Modell für Maschinenbauer. Berlin, Verlag von Julius Springer.

auch in Wirklichkeit können wir einen Körper ganz beliebig anschauen. Wenn ein Gegenstand einfache, schon durch die Umrisse verständliche Formen besitzt, so kann man das Hervorheben der Oberflächenform durch Schattieren fortlassen, wie Fig. 24 zeigt. Eine einfache Schattierung, die schnell durchgeführt werden kann, zeigt Fig. 35. In verwickelteren Fällen kann man 2 Lagen von Schattenstrichen anwenden, vergl. Fig. 36.

Im allgemeinen sind aber Skizzen immer mit möglichst einfachen Mitteln deutlich zu machen, eine weitgehende Schattierung oder Andeutung von Holzmaserung, Jahresringen u. dergl. ist unnötige Spielerei:

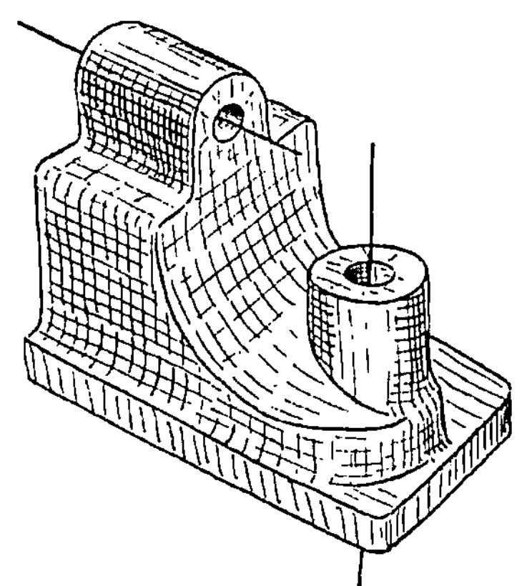

Fig. 35. Skizze mit einfacher Schattierung.

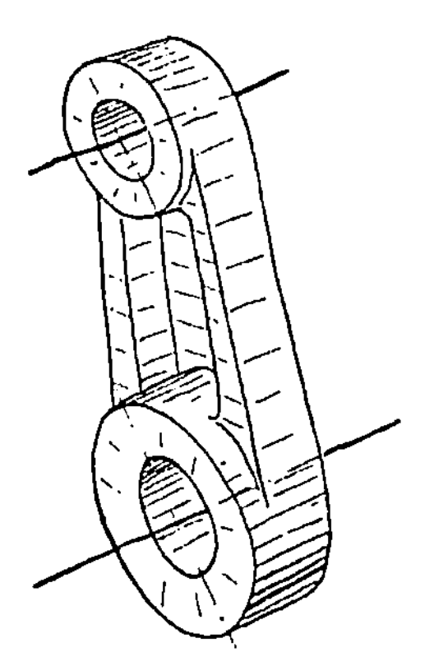

Fig. 36. Körper mit verwickelter Oberflächenform, die deshalb durch 2 Lagen von Schattenstrichen sichtbar wird.

Wenn derartige Abbildungen hier im Text vorkommen, so sind sie nicht als Vorlagen zum Skizzieren aufzufassen, sondern sie sollen dem Leser sogleich möglichst viel über Stoff und Ausführung in einem Blick offenbaren. Vorbilder über die Art und Weise der Skizzen sind die soeben erwähnten Fig. 35 und 36.

# V. Geometrische Darstellung von körperlichen Gegenständen.

Die geometrische Darstellung eines Körpers ist eigentlich nur ein besonderer Fall der im vorigen Abschnitt behandelten perspektivischen, nämlich die Zeichnung des Körpers in einer solchen Stellung, bei der man senkrecht auf eine seiner Flächen sieht, wobei aber noch die weitere Einschränkung zu machen ist, daß die Hauptachsen senkrecht oder wagerecht laufen. Würden wir in der eben erwähnten Weise einen Würfel betrachten, so erschiene dieser immer als Quadrat. Ein rechteckiger Balken erschiene von vorn als Quadrat, von den Seiten aus gesehen als Rechteck. Es treten bei dieser Stellung keine Verkürzungen der einzelnen Seiten mehr ein, sondern alle, senkrechte sowohl als wagerechte, zeigen sich in ihrer wahren Länge und außerdem sind auch die Winkel, die sie miteinander einschließen, genau die wirklichen; aus diesen Gründen ist für Entwürfe von technischen Gegenständen in den meisten Fällen die geometrische Darstellung vor der perspektivischen vorzuziehen, besonders weil man aus der maßstäblichen Zeichnung die Möglichkeit des Zusammenpassens leichter erkennen und alle Maße und Winkel sofort abmessen kann.

Aus einer einzigen geometrischen Ansicht kann man aber niemals erkennen, wie der Körper aussieht, denn oben wurde schon gesagt, daß der Würfel und die Vorderansicht eines rechteckigen Balkens beide als Quadrate erscheinen. Es würde beim Würfel eine Ansicht genügen, wenn wir die Bemerkung „Würfel“ dazu schreiben; dasselbe gilt von einer Kugel, die allerdings immer als Kreis erscheint, wie wir sie auch ansehen mögen. Ohne die Bemerkung „Kugel“ könnte aber der Kreis auch die Vorderansicht eines Zylinders, eines Kegels, eines Ellipsoides oder noch irgend eines Körpers sein. Um den rechteckigen Balken, den Zylinder, den Kegel und das Ellipsoid eindeutig zu bestimmen, sind zwei geometrische Ansichten erforderlich. Bei technischen Gegenständen sind aber in den meisten Fällen wenigstens drei Ansichten notwendig, häufig noch mehr.

Die Lage der einzelnen Ansichten, in denen ein Körper gezeichnet werden muß, damit er eindeutig bestimmt ist, darf nicht willkürlich sein, sondern ist abhängig von der ersten Ansicht, die man allerdings unter Berücksichtigung des für die geometrische Darstellung Gesagten beliebig wählen darf. Wir wählen als Beispiel den in Fig. 37 gezeichneten Gegenstand, den wir zuerst in die Ansicht *I* legen, so daß er parallel zum Rand des Zeichentisches liegt. Sehen wir dann in der Richtung des Pfeiles *1* senkrecht von oben auf den Körper, so erscheint er uns so, wie Fig. 38 *I* zeigt; die beiden gestrichelten Linien bedeuten die in dieser Stellung unsichtbare Bohrung. Die zweite Ansicht ergibt sich aus der ersten, indem wir den Körper in Fig. 37 umlegen oder kanten. Führen wir das Umlegen aus der Lage *I* nach obenhin aus, so kommt der Körper in die Lage Fig. 37 *II*, die dann in der Richtung des Pfeiles *2* gesehen so aussieht wie Fig. 38 *II*. Die dritte

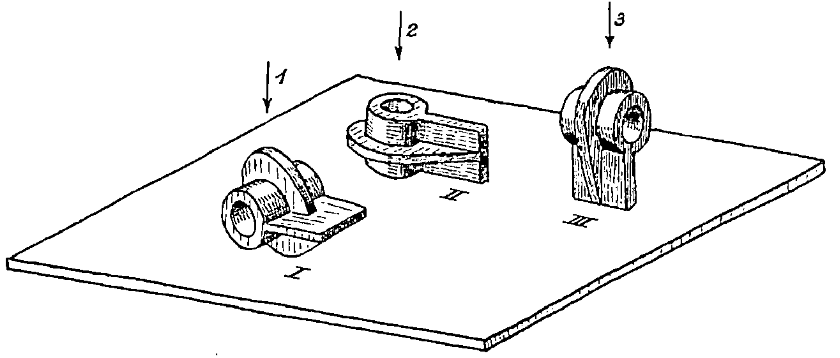

Fig. 37.  Entstehung der verschiedenen Ansichten eines Körpers durch Drehen in andere Lagen.

Ansicht wird wieder durch Kanten erhalten.  Wir können den Körper in Fig. 37 aus der Lage *II* nach rechts hin umlegen; er gelangt so in die Lage *III*, die in der Richtung des Pfeiles *3* gesehen die Fig. 38 *III*

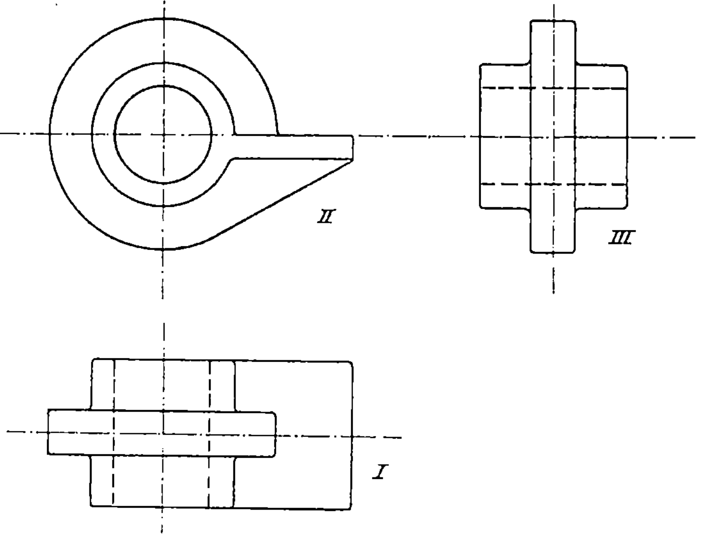

Fig. 38.  Geometrische Darstellung zu Fig. 37.

ergibt.  Bei allen drei Lagen des Körpers in Fig. 37 ist also die Richtung, von der aus er angesehen wird, genau die gleiche, senkrecht auf die Ebene hin, auf welcher der Körper liegt.

Man hätte allerdings den Körper in Fig. 37 auch auf andere Weise kanten können. Legen wir ihn z. B. in die Lage *I*, wie Fig. 38 zeigt, so können wir ihn aus dieser Lage nach unten kanten und erhalten die Ansicht *II*. Um die Ansicht *III* zu erhalten, kantet man den Körper aus der Lage *I* nach rechts. Die Zeichnung dieser drei Lagen fällt jetzt anders aus als in Fig. 38 und zwar folgendermaßen: Ansicht *I* in Fig. 38 liegt an der Stelle der Ansicht *II*, diese liegt an der Stelle von Ansicht *I*, aber auf dem Kopfe stehend, Ansicht *III* bleibt an ihrer Stelle, ist aber um 90 ° gedreht.

Fig. 39. Andere Lagen des Körpers zu Fig. 37.

Wie man die Anfangsansicht wählt, ist gleichgültig, auch gibt es keine Regeln über die Zahl der erforderlichen Ansichten, sondern es gilt dafür:

**Die Zahl der erforderlichen Ansichten eines Körpers muß so getroffen werden, daß der Körper eindeutig bestimmt ist, stets aber müssen die verschiedenen Ansichten eine solche Lage haben, wie sie durch Kanten des Körpers entstehen würde.**

Die vorstehende Regel über die Lage der einzelnen Ansichten zueinander ist außerordentlich wichtig; beachtet man sie nicht, so wird der Körper falsch ausgeführt, wenn er nicht gerade symmetrisch ist, weil man links und rechts nicht unterscheiden kann. Es tritt eine Unbestimmtheit sowohl bei sehr einfachen Gegenständen, als auch bei verwickelteren auf. Ein Beispiel dafür ist die Kurbel in Fig. 40. Man würde dieselbe nach dieser Zeichnung so ausführen, wie Fig. 41 *a* zeigt, während sie nach Fig. 41 *b* ausgeführt werden soll. Die richtige Zeichnung zu dieser Kurbel zeigt dann Fig. 42. Hätte man in Fig. 40 die seitliche Ansicht *II* links von *I* aufgezeichnet, so wäre die Kurbel auch richtig angefertigt worden.

Mitunter kann durch undeutliche Anordnung der verschiedenen Ansichten erheblicher Schaden entstehen.

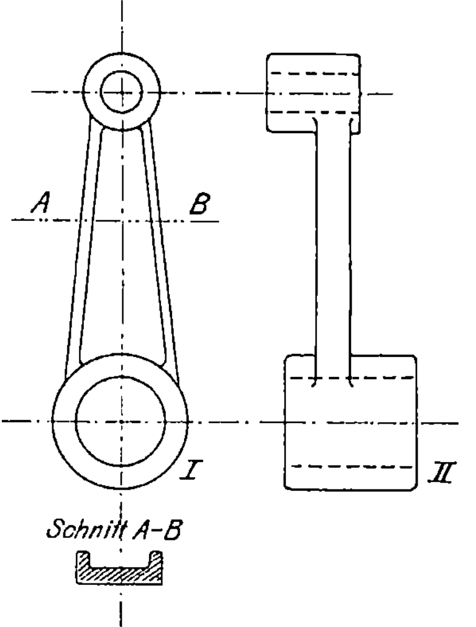


Fig. 40.  Unbestimmte und falsche Zeichnung einer Kurbel.

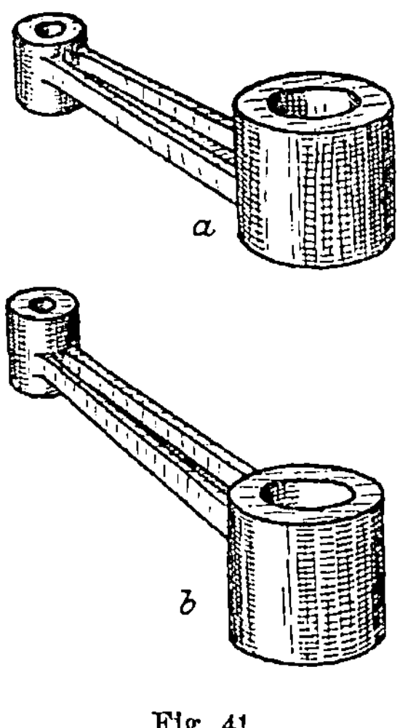


Fig. 41.
a Ausführung nach Fig. 40,
b   „       „     „   42.

Riedler erwähnt in seinem Buche „Das Maschinen-Zeichnen" (Verlag von Julius Springer): „Für eine Rider-Steuerung waren die halben Abwickelungen der Schieber richtig gezeichnet, aber ohne die auffällige Angabe, daß die untere Hälfte dargestellt sei. Die Schieber wurden irrtümlich symmetrisch ausgeführt, ergaben unrichtige Dampfverteilung und mußten mit vieler Mühe und Kosten ausgewechselt werden. — Nach sonst richtigen Werkzeichnungen wurden, nur wegen unklarer Anordnung der Projektionen, die Dampfzylinder von 10 Maschinen mit den Schieberkasten rechts statt links ausgeführt und mußten durch neue ersetzt werden. Der Schaden betrug etwa 15 000 Mark."

Es kann vorkommen, daß weniger als drei Ansichten oder Schnittzeichnungen des Gegenstandes genügen. In Fig. 43 genügt eine Schnittzeichnung mit Andeutungen der Anordnung und Zahl der Löcher in den Flanschen. Diese Andeutungen sind, wenn sie wie hier ausgeführt

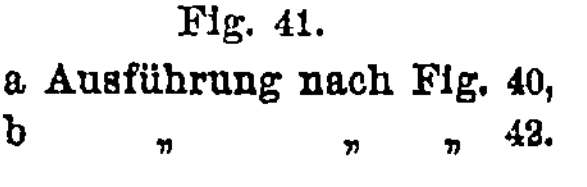

Fig. 42.  Richtige Zeichnung der Kurbel (vergl. Fig. 40).

werden, direkt über den Flansch zu setzen, also nicht so, wie sie eigentlich nach der Regel für die Anordnung der Figuren, die auf dem Kanten des Gegenstandes beruht, stehen müßten.

Solch wenige und einfache Darstellungen genügen aber in den seltensten Fällen. Fast immer müssen wenigstens drei Darstellungen ausgeführt werden. Größere Gegenstände, die immer mehr als drei Darstellungen verlangen, sind unter anderen Dampfzylinder, Maschinenrahmen, Gehäuse für elektrische Straßenbahnmotoren.

Die Fig. 44 und 45 zeigen einen Dampfzylinder von zwei Seiten aus gesehen, wie unter den Figuren bemerkt ist. Zur deutlichen Darstellung

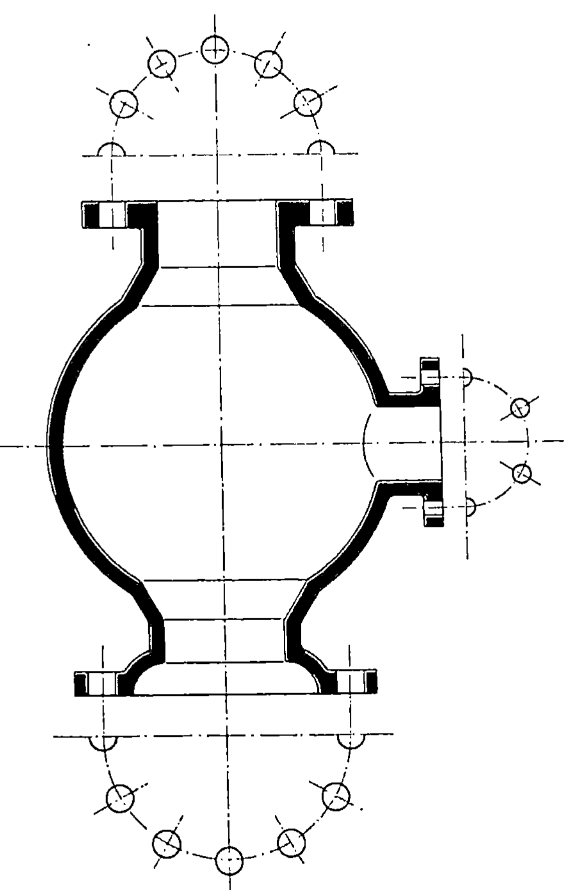

Fig. 43. Form mit sehr einfacher Darstellungsmöglichkeit.

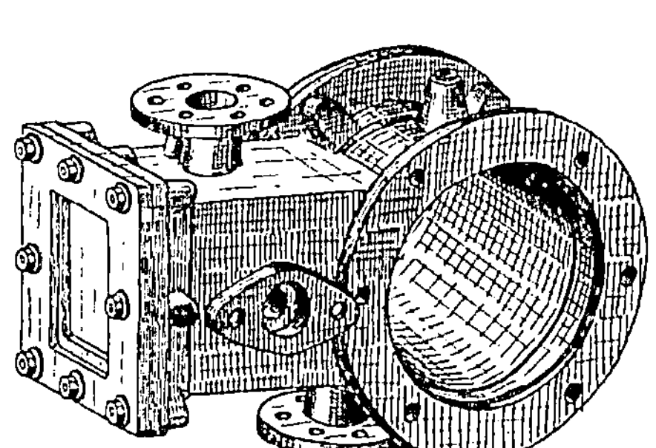

Fig. 44. Dampfzylinder von vorn.

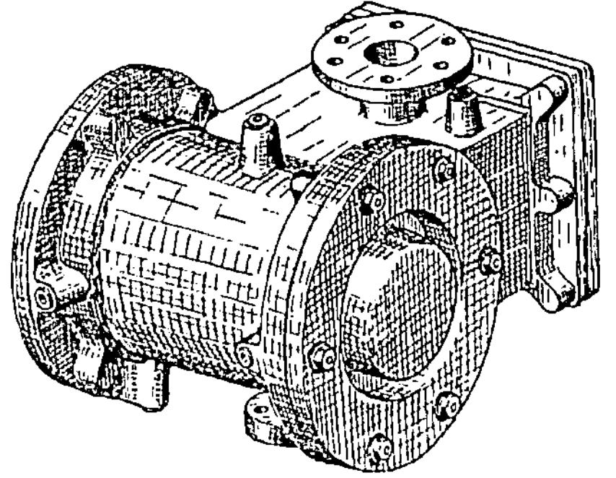

Fig. 45. Dampfzylinder von hinten.

dieses Zylinders sind die in Fig. 46 ersichtlichen Zeichnungen er-

forderlich, bestehend aus drei Schnitten und vier Ansichten. Durch
Klammern sind die Zeichnungen so verbunden, daß man erkennen kann,

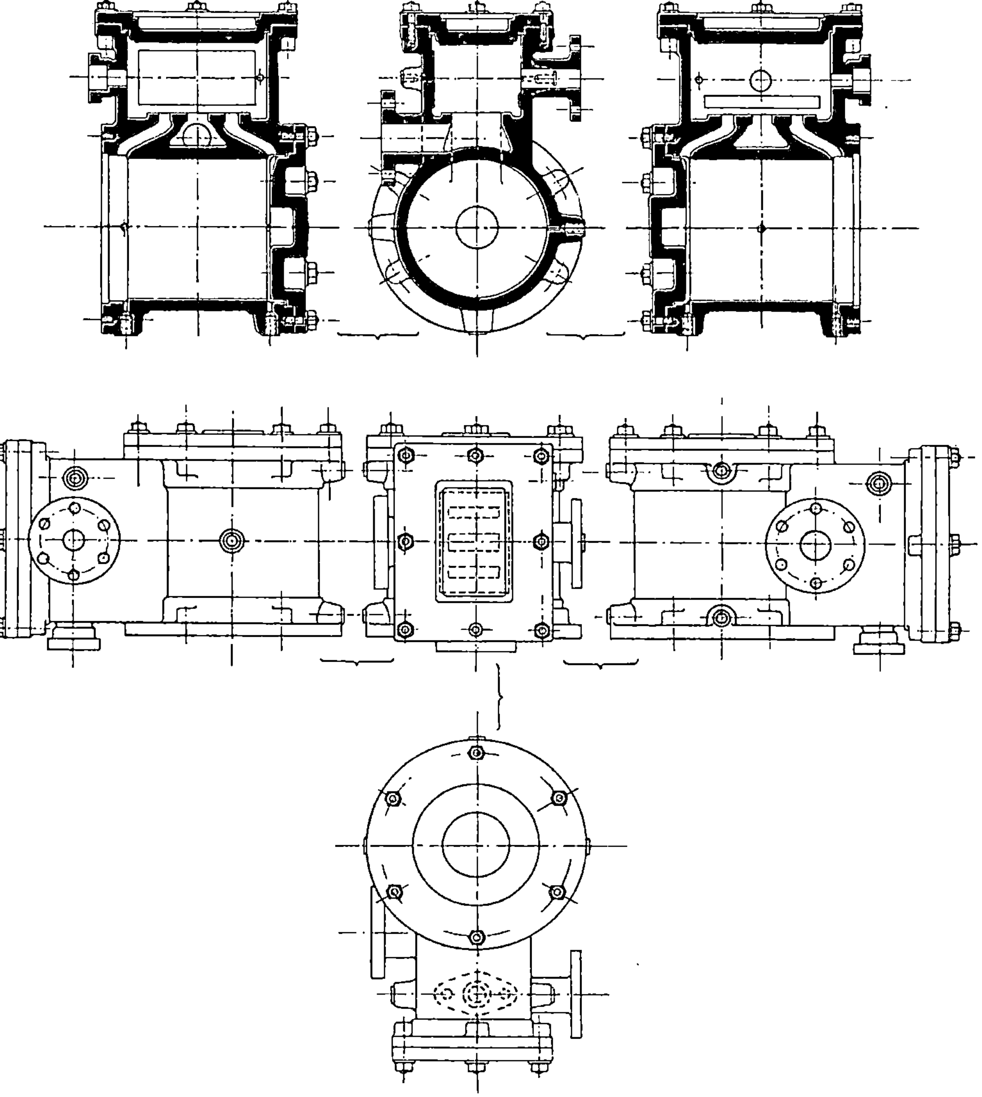

Fig. 46. Notwendige Darstellungen des Dampfzylinders nach den Figuren 44 und 45.

wie die Lagen durch das schon erläuterte Kippen entstanden sind. Es
mußte aber in Fig. 46 bei der unteren Ansicht und der darüber stehenden noch Unsichtbares durch gestrichelte Linien dargestellt werden,
und zwar unten der Flansch für die Stopfbüchse am Schieberkasten,

der sonst nicht sichtbar ist, und darüber auf der mittleren Ansicht der
Schieberspiegel. Man macht
aber von dieser Methode, Unsichtbares durch stricheln anzudeuten, nicht häufig Gebrauch,
weil dadurch die Zeichnung zu
viele Linien bekommt und undeutlich wird.

Außer den Ansichten sind
gewöhnlich zur deutlichen Darstellung eines Gegenstandes
Schnitte durch denselben erforderlich, wie der Dampfzylinder in Fig. 46 zeigt. Die

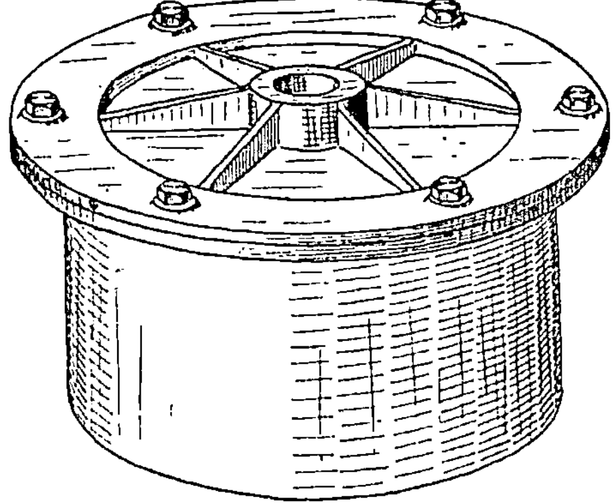

Fig. 47. Topf mit aufgeschraubtem Deckel.

geschnittenen Flächen sind als solche durch Anlegen, Schraffieren usw.
(vergl. Abschnitt II S. 4)
kenntlich zu machen.
Man schneidet aber nur
dann, wenn durch den
Schnitt wesentliches ge-
zeigt wird. Rippen an
einem Körper, Bolzen
und Schrauben wer-
den nie geschnitten,
auch dann nicht, wenn
die Schnittebene mitten
durch sie hindurchgeht.
In Fig. 47 ist ein Topf
mit einem Deckel ge-
zeichnet, der durch Rippen
versteift und mit Kopf-
schrauben aufgeschraubt
ist. Um diesen Gegenstand
eindeutig aufzuzeichnen,
müssen wir außer der
Ansicht von oben, bei der
die Hälfte ausreicht, noch
einen Längsschnitt auf-

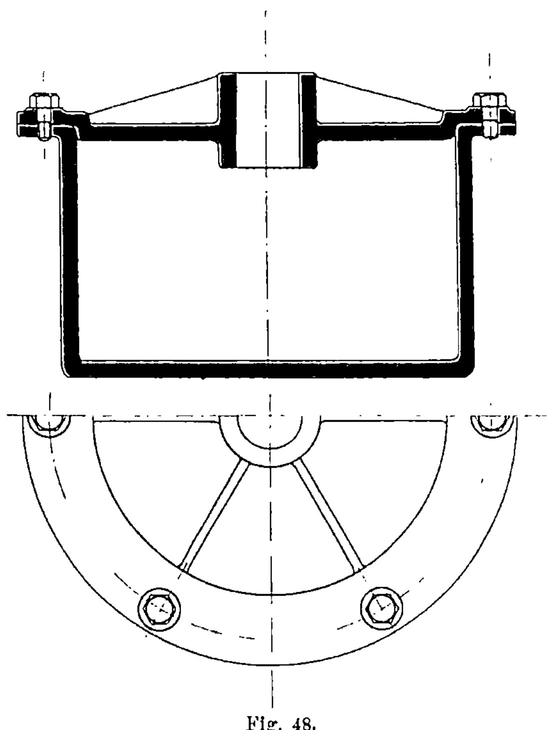

Fig. 48.
Geometrische Darstellung des Topfes nach Fig. 47.

zeichnen, und die Anordnung beider Zeichnungen zueinander muß so
sein, wie Fig. 48 zeigt. Obgleich die Schnittebene mitten durch die

Krause, Technisches Zeichnen. 3

Rippen und Schrauben geht, werden dieselben in der Zeichnung doch nicht im Schnitt dargestellt, die Rippen deshalb nicht, weil sie sonst viel weniger deutlich als Rippen erkannt werden, und die Schrauben nicht, weil sie in ihrem Inneren nichts Wesentliches enthalten, wohl aber muß man bei ihnen sehen können, wie weit das Gewinde auf den Kern geschnitten ist.

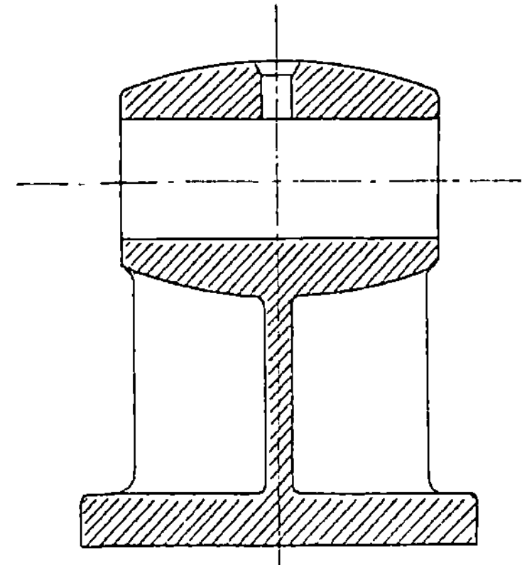

Fig. 49. Lagerbock.

Wie undeutlich eine falsche Schnittfigur gegenüber der richtigen wirkt, ist aus den Schnittfiguren durch den kleinen Lagerbock nach Fig. 49 zu ersehen. Die falsche Schnittfigur ist Fig. 50 und die richtige Fig. 51. Schneidet man den Körper in Wirklichkeit mitten durch, so würde man allerdings auch die beiden Längsrippen schneiden, so daß streng genommen die falsche Fig. 50 gerade die richtige wäre; deutlicher ist aber ohne Zweifel Fig. 51, und da Deutlichkeit beim technischen Zeichnen die erste Bedingung ist, so werden Schnitte, auch wenn sie durch die Rippen hindurchgehen, immer nur nach Fig. 51 oder Fig. 48 gezeichnet. Weitere Beispiele solcher Schnitte, die durch Rippen gehen, sind die Fig. 55, 57 *1a*, 67.

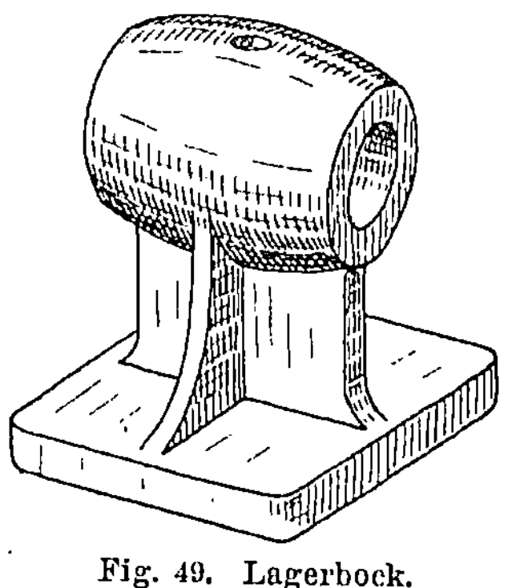

Fig. 50. Falsche Schnittfigur zu Fig. 49.    Fig. 51. Richtige Schnittfigur zu Fig. 49.

In vielen Fällen ist es nicht erforderlich, die Ansichten vollständig zu zeichnen. Ein Beispiel ist in Fig. 48 gegeben. Um anzudeuten, daß nur die Hälfte gezeichnet ist (wobei selbstverständlich ist, daß die andere Hälfte genau ebenso sein soll), begrenzt man dieselbe nicht durch eine ausgezogene Linie, sondern, wie in Fig. 48 auch geschehen, durch eine strichpunkt-gezeichnete Mittellinie. In dieser Weise würde auch eine Riemenscheibe, ein Schwungrad usw. gezeichnet werden dürfen (vergl. Fig. 53, 55, 71). Als Beispiel ist zunächst eine

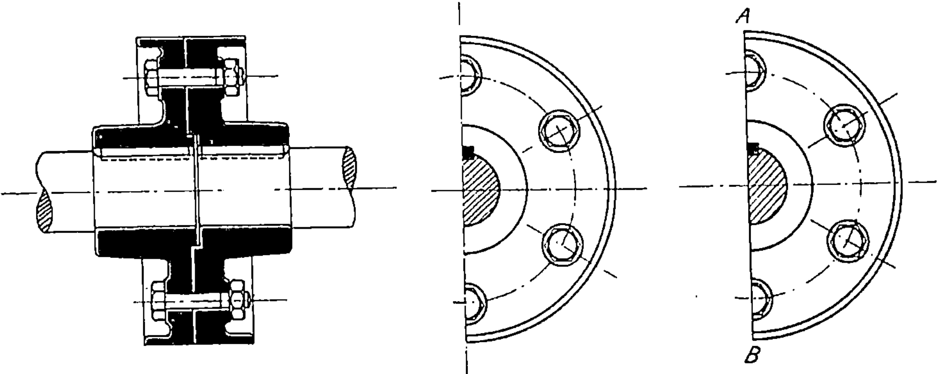

Fig. 52. Schnitt durch eine Kuppelung.

Fig. 53. Richtige halbe Ansicht zu Fig. 52.

Fig. 54. Falsche halbe Ansicht zu Fig. 52.

Kupplung gewählt (Fig. 52), dazu die richtige Ansicht von vorn (Fig. 53) in der Hälfte. Die falsch gezeichnete Art zeigt Fig. 54. Fehlerhaft ist die Begrenzung $AB$ durch eine ausgezogene Linie, weil diese den Eindruck macht, als ob der Gegenstand an dieser Linie aufhörte.

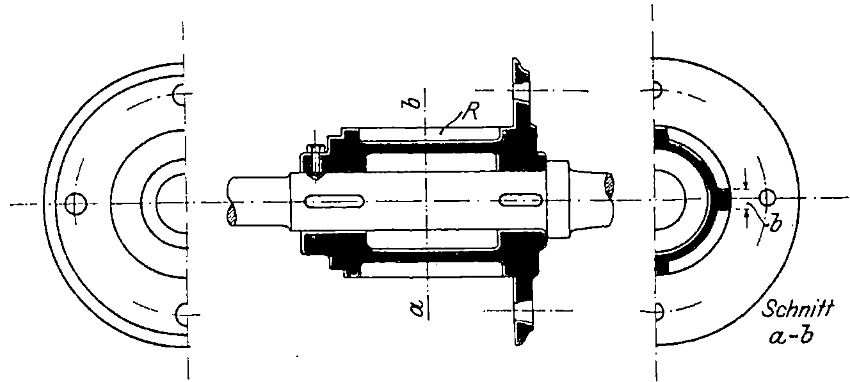

Fig. 55. Ankerstern einer elektrischen Maschine.

Ein weiteres derartiges Beispiel ist der Ankerstern einer elektrischen Maschine (Fig. 55). Die mittlere Figur ist ein Längsschnitt parallel zur Achsenrichtung; auch hier werden die Rippen gerade mitten durchgeschnitten, aber doch so gezeichnet, als ob der Schnitt sie nicht trifft. Die links liegende Zeichnung ist die Hälfte der Ansicht von rechts aus gegen den Ankerstern und deshalb durch eine strichpunktgezeichnete Mittellinie begrenzt, ebenso wie die rechts liegende Zeichnung, die die Hälfte des Schnittes durch $a-b$ zeigt. Dieser Schnitt ist hauptsächlich wegen der Breite $b$ und der Zahl und Lage der Rippen $R$ erforderlich.

Als letztes Beispiel sollen die zur Herstellung eines Exzenters (Fig. 56) notwendigen Zeichnungen erläutert werden. Für diesen Gegenstand reichen drei Darstellungen nicht aus, um alle Einzelheiten bestimmt und eindeutig festzulegen. Wir beginnen mit der Ansicht von oben, die in Fig. 57 $I$ dargestellt ist. Aus dieser entsteht in der zu Anfang dieses Abschnittes erläuterten Weise durch Kanten nach oben die Ansicht $II$ und aus dieser wieder durch Kanten nach rechts die Ansicht $III$, seitlich daneben. Man erkennt aber aus diesen Ansichten noch nicht alle Einzelheiten des Exzenters. Wegen des Keilloches im Schaft des Bügels ist der Schnitt $cd$ (Fig. 57 $IIb$) nötig; ferner muß man zur Festlegung der Abrundung der äußeren Bügelfläche den Schnitt $a-b$ (Fig. 57 $IIa$) anordnen und schließlich noch die Wandstärke $w$ der Scheibe, die Höhe $h$ der Rippe und die Führungsnut $n$ festlegen und dazu Schnitt $Ia$ aufzeichnen. Nach allen diesen Darstellungen lassen sich dann die

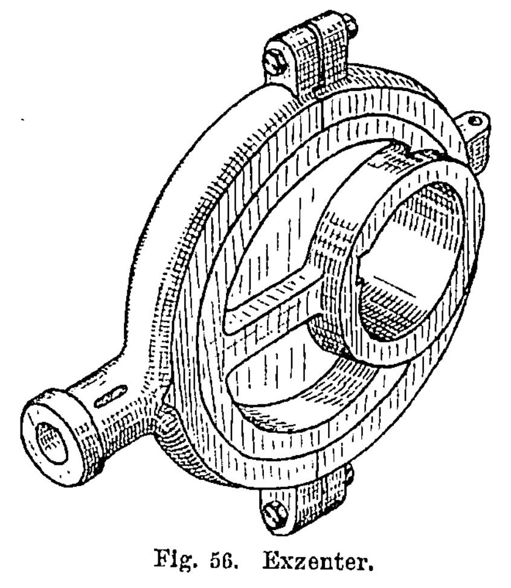

Fig. 56.   Exzenter.

Gußmodelle für den Bügel $C$ und die Scheibe $S$ des Exzenters herstellen. Wie man aus Fig. 57 erkennt, sind die Schnittfiguren $IIa$, $IIb$ und $Ia$ nicht willkürlich gelegt, sondern auch sie müssen immer an diejenige Stelle gezeichnet werden, an welche sie durch das erwähnte Kanten des Körpers gelangen würden.

Zum Schluß ist noch zu erwähnen, daß alle Gegenstände auf Werkzeichnungen, wenn sie nicht gar zu groß werden, in natürlicher Größe zu zeichnen sind, mit starken Umrißlinien (wenigstens $^1/_2$ mm dick). Erstens ist leichteres und schnelleres Arbeiten möglich, wenn der Arbeiter die Zeichnung aus 1—2 m Entfernung schon erkennen kann, denn dann braucht er nur den Blick von dem Gegenstand, den er bearbeitet, nach der Zeichnung zu richten. Ist

die Zeichnung mit zu dünnen Strichen, zu kleinen Zahlen und zu
kleiner Schrift ausgeführt, so muß er immer erst auf die Zeichnung zuschreiten, wenn er sie, was gewöhnlich der Fall ist, nicht
dicht an sein Arbeitsstück stellen kann. Zweitens ist das Entwerfen

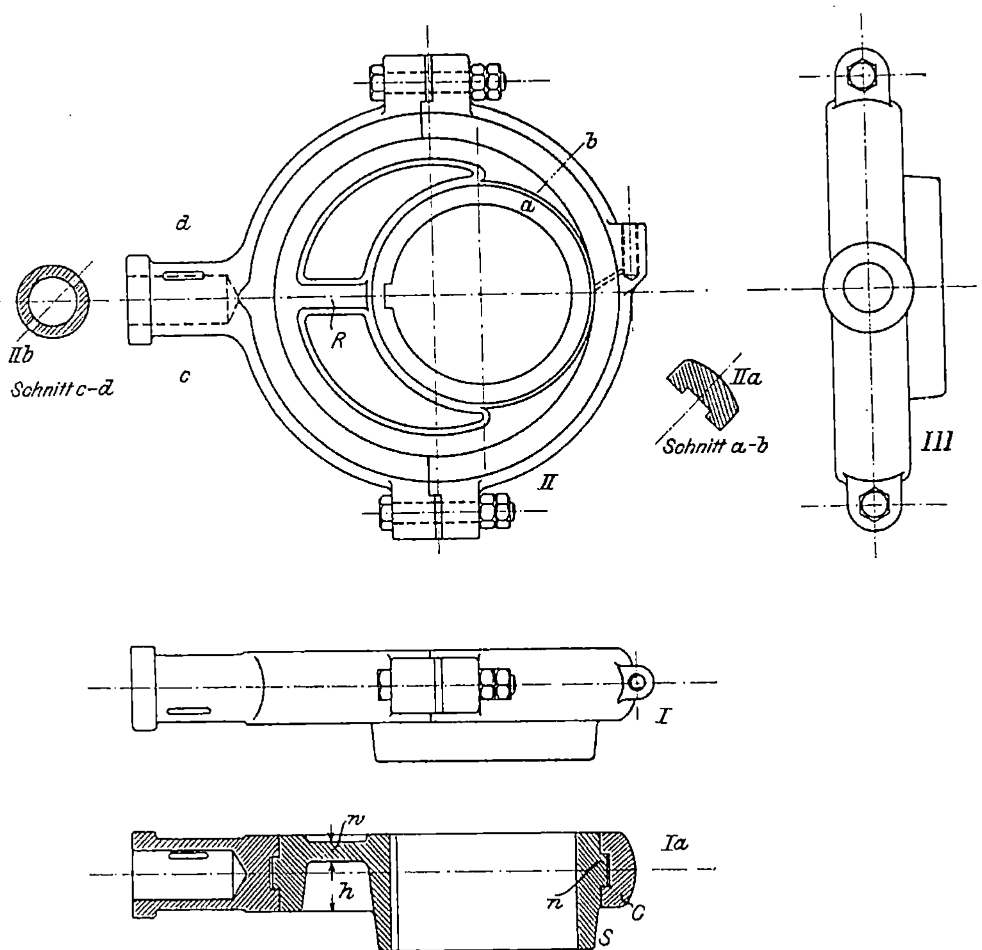

Fig. 57. Geometrische Darstellung des Exzenters nach Fig. 56.

von Gegenständen in natürlicher Größe immer am sichersten auszuführen,
besonders weil bei allen Konstruktionen viele Abmessungen sich nicht
berechnen lassen, sondern nach Gefühl geschätzt werden müssen. Ein
Beispiel einer Werkstattzeichnung, ein Stück von der Zeichnung eines
Ringschmierlagers, ist in Fig. 58 gegeben. Genügende Strichstärken
und genügend große Maßzahlen sind zur Anwendung gekommen; auch

sind die geschnittenen Flächen deutlich hervorgehoben.[1]) Im übrigen braucht man eine Zeichnung nur aus etwa 2 m Entfernung zu betrachten, um zu erkennen, ob sie genügend deutlich ausgeführt ist. Bei Zeichnungen in verkleinertem Maßstab, z. B. Zusammenstellungen von Maschinen, Rohrplänen, Montagezeichnungen, werden natürlich

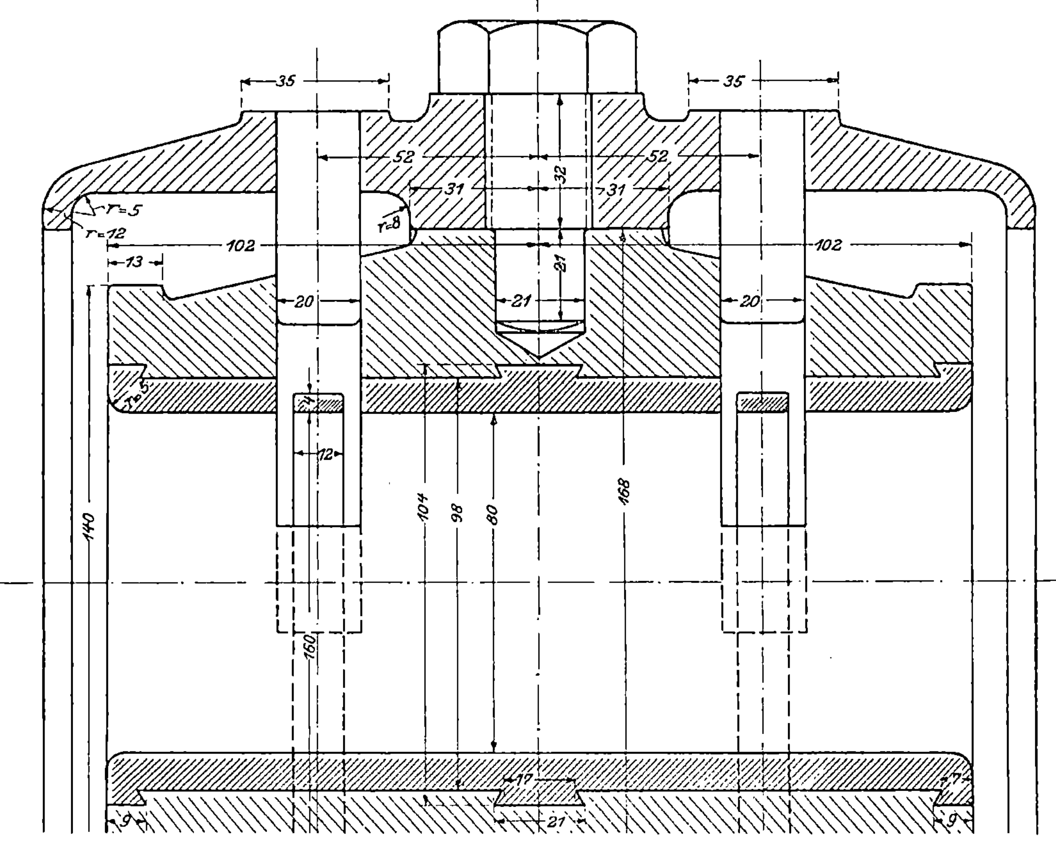

Fig. 58. Stück eines Ringschmierlagers (etwa auf die Hälfte verkleinerte Werkstattzeichnung).

die Strichstärken feiner ausgeführt, wie die Fundamentzeichnung in Fig. 96 zeigt, weil diese Zeichnungen anders benutzt werden als Werkstattzeichnungen.

---

[1]) Fig. 58 wurde auf etwa die Hälfte verkleinert, so daß die Maßzahlen in Wirklichkeit in der doppelten Größe einzuschreiben sind.

# VI. Abgekürzte Darstellungen von fertig bezogenen Gegenständen.

Unter fertig bezogenen Gegenständen sind hauptsächlich solche zu verstehen, die nach bestimmten Regeln und Vorschriften ein für allemal hergestellt werden, also hauptsächlich Schrauben, Bolzen, Federn, auch normale Zahnräder und Kegelräder, Rohrstücke usw. Sie werden meist von Spezialfirmen angefertigt. Auf der Zeichnung braucht man diese Gegenstände nur abgekürzt und mit den hauptsächlichsten Maßen darszutellen (über Maße vergl. Abschnitt VII). Aller-

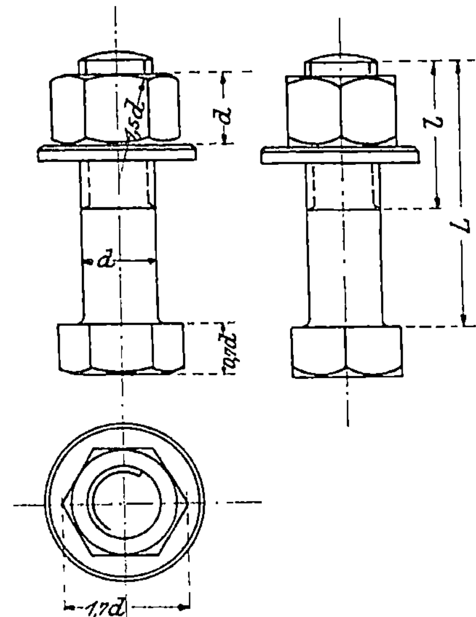

Fig. 59.
Verhältnisse eines normalen Bolzens.

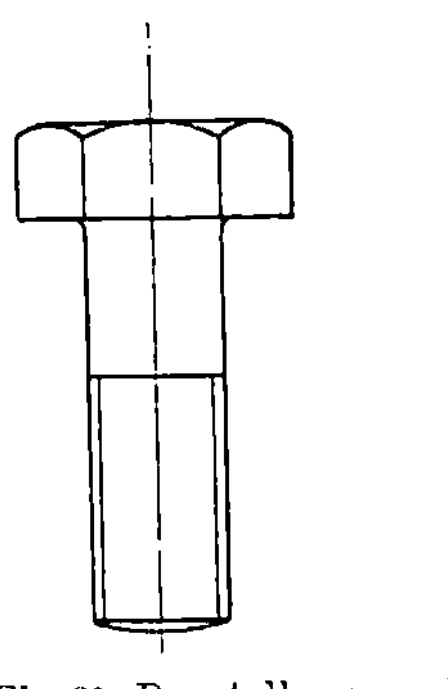

Fig. 60. Darstellung
von Gewinde.[1]

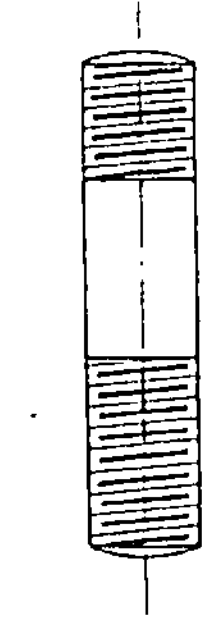

Fig. 61. Veraltete
Darstellung
von Gewinde.

dings muß man sie in der richtigen Größe aufzeichnen, schon um beim Entwerfen den von ihnen eingenommenen Raum genau zu berücksichtigen.

Normale Bolzen werden nach den Verhältnissen angefertigt, wie Fig. 59 sie zeigt. Die auf den Durchmesser $d$ bezogenen Maße sind nur zum Zeichnen bestimmt und dürfen nicht als Maßzahlen eingeschrieben werden. Die Länge $l$ dagegen gibt an, wie weit das Gewinde aufzuschneiden ist, sie muß daher als Maßzahl eingeschrieben werden, ebenso wie der Durchmesser $d$ des Bolzens und seine ganze

---

[1] Fig. 60 sowie die Fig. 62, 65 und 66 sind entnommen aus Riedler, Das Maschinen-Zeichnen. Berlin 1896. Julius Springer.

Länge $L$. Angaben über die Art des Gewindes, welches zweckmäßig durch die strichpunktierte Linie angedeutet wird, schreibt man entweder neben den Bolzen oder besser in die Stückliste (vergl. Abschnitt IX).

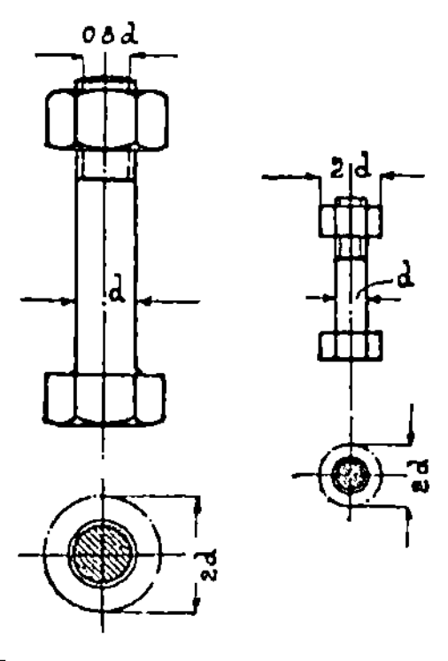

Fig. 62. Vereinfachte Darstellung von Schrauben bei kleiner Zeichnung.

Die Darstellung des Gewindes durch gestrichelte Linien nach Fig. 59 kann man auch einfacher nach Fig. 60 ausführen; die unnötig auffallende und schlecht zu zeichnende Darstellung in Fig. 61 war früher üblich und wird zuweilen auch noch angewendet. Man wird die genaue Zeichnung des Bolzens nach den Verhältnissen in Fig. 59 nur dann ausführen, wenn er auf der Zeichnung genügend groß wird. Auf Zusammenstellungen von Maschinen, die fast immer in verkleinertem Maßstab angefertigt werden, zeichnet man weniger genau, etwa nach Fig. 62, wobei man die Kreisbogen an Mutter und Kopf unter Umständen fortläßt.

Bohrlöcher ohne und Bohrlöcher mit eingeschnittenem Muttergewinde zeichnet man nach Fig. 63 und 64, wobei das Gewinde angedeutet wird durch den kleinen Kreisbogen, der um das Loch herumgelegt wird (Fig. 64).

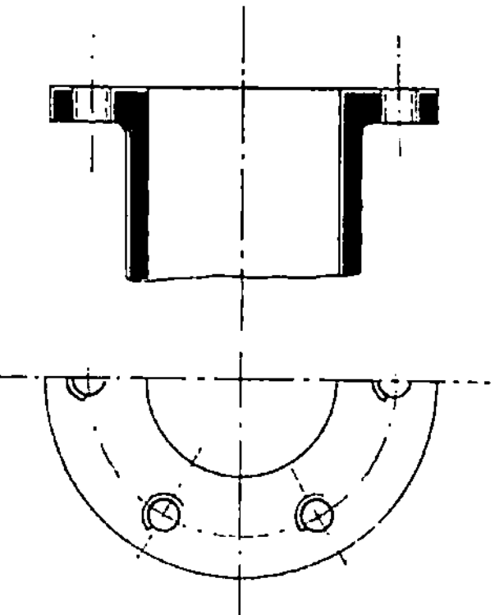

Fig. 63. Rohrflansch mit Löchern ohne Gewinde.

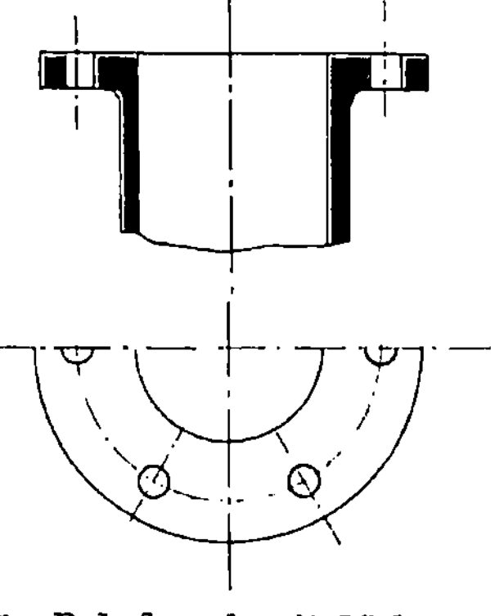

Fig. 64. Rohrflansch mit Löchern, die Gewinde enthalten.

Zahnräder und Kegelräder werden in den allermeisten Fällen fertig bezogen von Spezialfabriken. In einem solchen Falle zeichnet man sie abgekürzt nach einer der Methoden in den Fig. 65 und 66. Die Schraffierung soll nur andeuten, daß die Gegenstände Zahnräder sind, und wird ganz unabhängig von der Zahnteilung so eingezeichnet, daß sie nach den Rändern zu enger wird. Bei Kegelrädern laufen die Linien der Schraffierung außerdem noch alle auf denselben Mittelpunkt zu. Eine solche abgekürzte Darstellungsart der Zahnräder würde z. B. auch auszuführen sein bei Zusammenstellungszeichnungen (vergl. Abschnitt IX).

Will man für besondere Zwecke ein Zahnrad anfertigen lassen, welches nicht zu den normal hergestellten gehört, so muß man natürlich genauer zeichnen und würde dann etwa nach Fig. 67 darzustellen haben. Das größere der beiden Kegelräder soll neu angefertigt werden und mit einem normalen kleineren Kegelrad zusammenarbeiten. Letzteres braucht dann nur abgekürzt gezeichnet zu werden (vergl. Fig. 66). Von dem

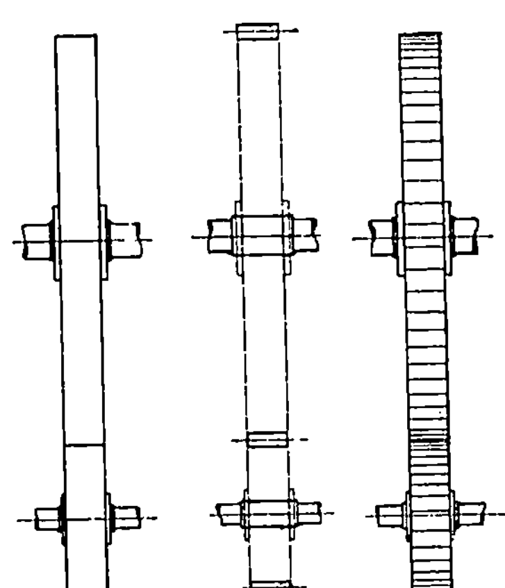

Fig. 65. Einfache Darstellung normaler Zahnräder.

ersteren dagegen müssen so viele Ansichten und Schnitte gezeichnet werden, daß es genau bestimmt ist. Dazu würde auch die Ansicht von unten gehören, an der man Form und Zahl der Rippen und Arme erkennt. Alle Zähne in die Figur hinein zu projizieren, hat gar keinen Zweck, weil nach deren schiefer Darstellung doch nicht

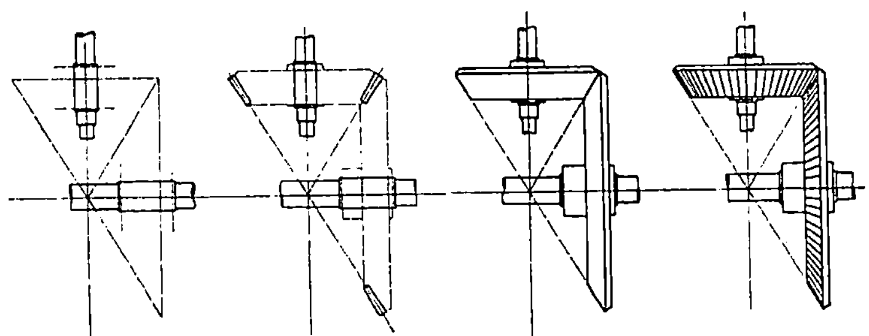

Fig. 66. Einfache Darstellung normaler Kegelräder.

gearbeitet werden kann. Dagegen müßte für das größere Zahnrad ein einziger Zahn für sich in verschiedenen Ansichten genau gezeichnet werden.

Zwei Darstellungsarten für Federn zeigen die Fig. 68 und 69 wieder für größere genauere und kleinere einfachere Darstellung.

Wohl in den meisten Fabriken werden die dort hergestellten normalen Gegenstände, die erforderlichen Schrauben, Handgriffe, Kurbeln, Handräder usw., auf Tabellen zusammengezeichnet und auf

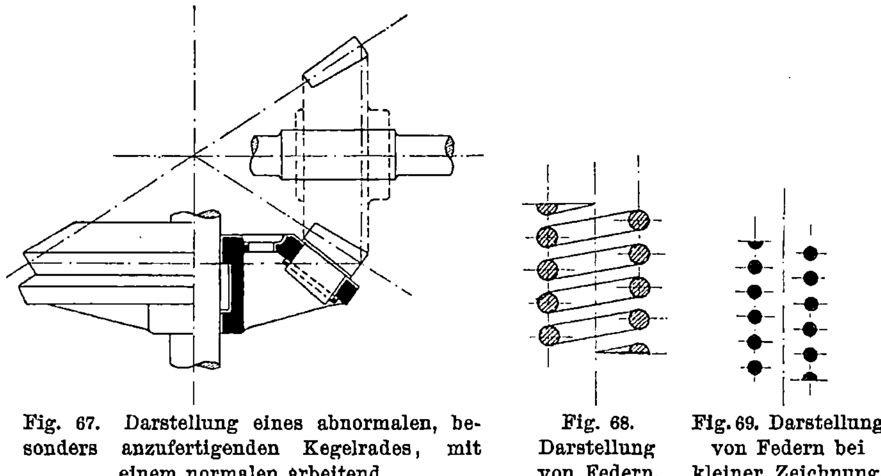

Fig. 67. Darstellung eines abnormalen, besonders anzufertigenden Kegelrades, mit einem normalen arbeitend.

Fig. 68. Darstellung von Federn.

Fig. 69. Darstellung von Federn bei kleiner Zeichnung.

der Zeichnung nur abgekürzt dargestellt mit dem Hinweis in der Stückliste (vergl. Abschnitt IX), nach welcher Tabelle und welcher Nummer auf dieser der Gegenstand ausgeführt werden soll. Um gleich ein Beispiel dafür zu geben, wählen wir eine Kurbel, wie sie für Anlasser zu elektrischen Motoren verwendet wird, die gewöhnlich das Aussehen der Fig. 70 haben. Da die Griffe $G$ dieser Kurbeln (Fig. 70) nicht nur für Anlasser, sondern z. B. auch für Schalter und andere elektrische Apparate verwendet werden, so gibt man sie auf der Zeichnung des Anlassers nur abgekürzt an und weist auf die entsprechende Tabelle hin. Dasselbe Verfahren wird bei den Schrauben $S$ angewendet.

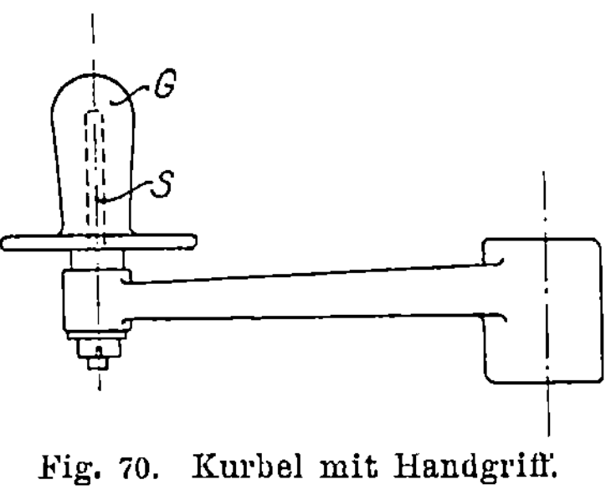

Fig. 70. Kurbel mit Handgriff.

# VII. Das Einschreiben der Maße.

Das Einschreiben der Maße in die Zeichnung ist das allerwichtigste bei der Anfertigung von Werkstattzeichnungen. Die Zeichnungen brauchen nicht einmal maßstäblich zu sein, wenn nur alle Maße, die zur Herstellung notwendig, eingeschrieben sind. Man verfährt sogar sehr häufig bei Gegenständen, die sich alle ähnlich sind, folgendermaßen: Man schreibt die Maßzahlen nicht in die Pauszeichnung ein, sondern klebt auf die Stelle der Maßlinie, wo die Zahl stehen soll, ein Stückchen schwarzes Papier. Werden dann die Lichtpausen angefertigt, so erscheinen auf dieser, dort wo auf der Pauszeichnung die Papierstückchen aufgeklebt sind, weiße Flecke, und auf diese schreibt man die Maßzahl ein.

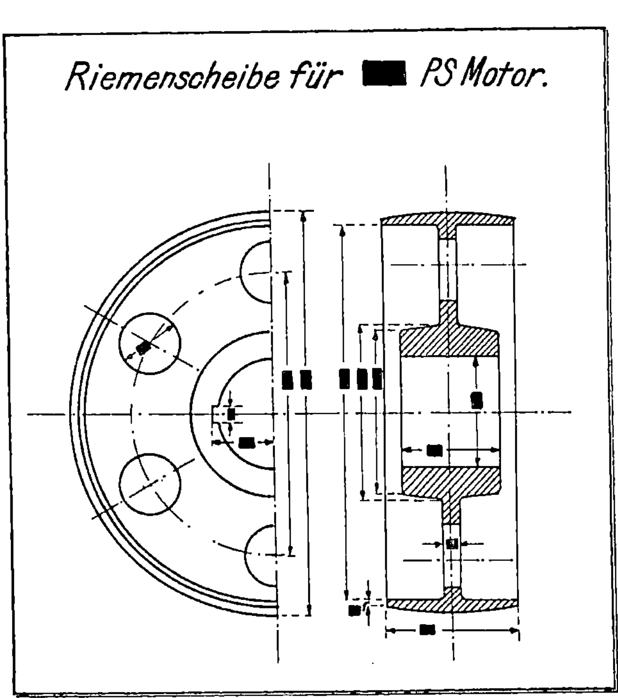


Fig. 71.   Zeichnung einer Riemenscheibe mit abgedeckten Maßen, verwendbar für verschiedene Größen.

Man braucht dann nur eine Bleistiftzeichnung und davon eine Pauszeichnung zu machen und kann auf den Blaupausen verschieden große Gegenstände darstellen. Nehmen wir als Beispiel eine Riemenscheibe, wie sie in Fig. 71 gezeichnet ist. Sie sei für Elektromotore bestimmt, und zwar erhalten folgende Größen ähnliche Riemenscheiben: 0,5 PS., 1 PS., 2 PS., 5 PS. Natürlich sind die Maße der Riemenscheibe für den Motor von 0,5 PS. viel kleiner als die für den Motor von 5 PS. Man fertigt aber nur eine Bleizeichnung an und davon eine Pauszeichnung, bei welcher man, wie Fig. 71 zeigt, die

Maßzahlen schwarz abdeckt. Auf der Lichtpause, die von dieser Pauszeichnung hergestellt wird, erscheinen die schwarz abgedeckten Stellen als weiße Flecke, und man würde nun in dem ausgewählten Beispiele 4 Lichtpausen anfertigen. In die erste Lichtpause schreibt man auf die weißen Flecke die Maßzahlen, welche für die Riemenscheibe zu dem 0,5 PS.-Motor gelten, in die zweite die Maße zur Scheibe des 1 PS.-Motors usw. Außerdem versieht man die Pauszeichnung mit einer Überschrift (vergl. Fig. 71). Die den Pferdestärken (PS.) entsprechende Zahl ist auch abgedeckt und wird erst auf der Lichtpause angegeben. Auch bei Fundamentsplänen wendet man das soeben beschriebene Verfahren zuweilen an (vergl. Fig. 96). Zu häufige Anwendung ist jedoch nicht zu empfehlen, besonders nicht bei verwickelten Gegenständen, weil man auf einer solchen Zeichnung das Zusammenpassen und die Maße nicht prüfen kann.

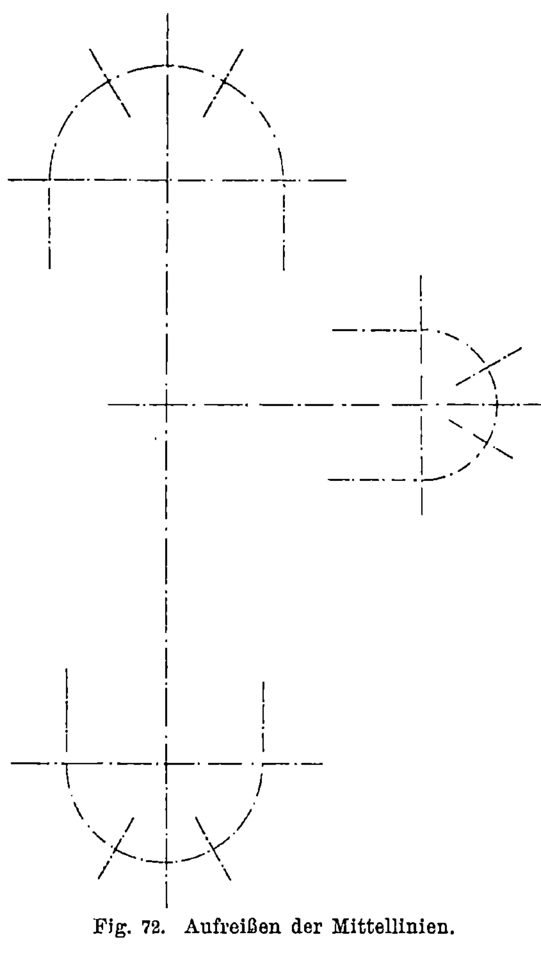

Fig. 72. Aufreißen der Mittellinien.

Fig. 71 ist zugleich ein Beispiel für sämtliche einzuschreibenden notwendigen Maße, deren Begründung genau an einem anderen Fall erfolgen soll. Wir wählen das Gußstück in Fig. 4. Man würde die Zeichnung dazu mit dem Aufreißen der Mittellinie nach Fig. 72 beginnen. Darauf zeichnet man Fig. 73 und überlegt daran, welche Maße erforderlich sind, damit das Modell angefertigt und der Gegenstand bearbeitet werden kann. In Fig. 74 sind alle für die Herstellung erforderlichen Maße eingezeichnet. Die Maße müssen sich immer auf die Mittellinien beziehen, weil diese Mittellinien der Modelltischler zum Teil braucht und später auch der Vorreißer, wie im Abschnitt III gezeigt wurde. Falsch wäre es, wenn man die Länge und Lage des seitlichen

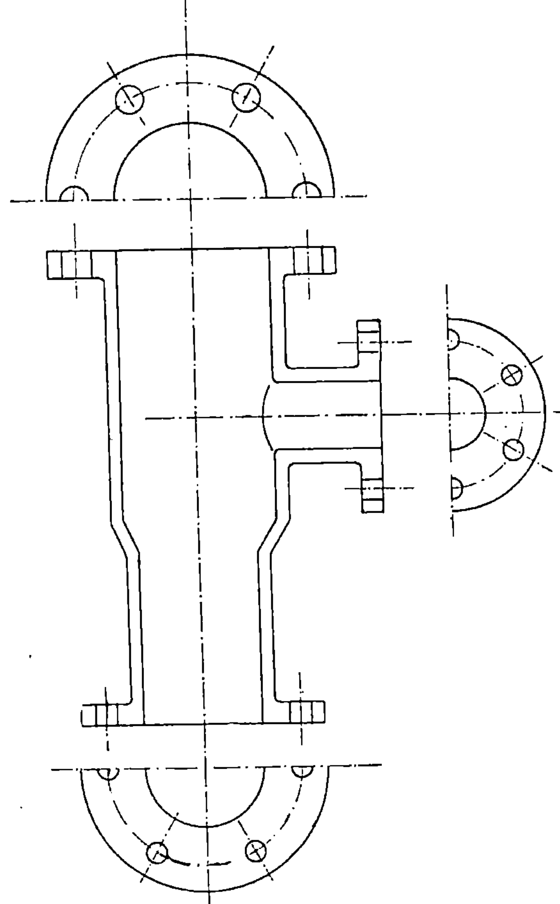

Fig. 73. Aufzeichnen der Umrisse.

Stutzens in Fig. 73 mit Maßen nach Fig. 76 angeben wollte; diese Maße könnte man an dem fertigen Gegenstand wohl abmessen, aber das Modell dazu würde sich nur unbequem und erst nach Ausrechnung der erforderlichen Maße anfertigen lassen.

Die Maße müssen unbedingt so eingeschrieben werden, wie sie zur Herstellung erforderlich sind.

Die schließlich vollständig fertige Ausführung der Zeichnung des Gußstückes zeigt Fig. 75. Aus dieser Zeichnung erkennt man die zur Herstellung des Modelles und zur Bearbeitung des fertigen Gußstückes erforderlichen Maße, die Zahl und Lage der Löcher in den Flanschen und die zu bearbeitenden Flächen, welche mit ‿‿‿‿‿‿‿ bezeichnet

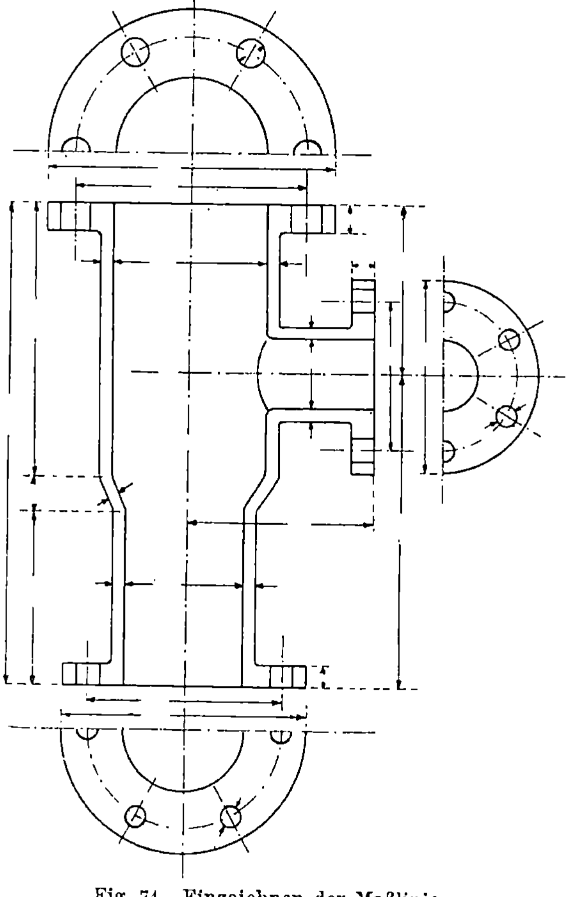

Fig. 74. Einzeichnen der Maßlinien.

sind. Die Flanschenstärken 15, 12 und 12 sind am Modell stärker auszuführen (siehe Abschnitt III). In der Praxis bezeichnet man die Arbeitsflächen auf den Blaupausen gewöhnlich mit Rotstift. Die Zahl der Löcher, die in jeden Flansch einzubohren sind, erkennt man zu sechs aus der Zeichnung. Da für ihre Entfernung voneinander kein Maß eingeschrieben ist, so liegen sie alle gleichweit voneinander entfernt auf den Kreisen, die durch ihre Mittelpunkte laufen und für die die Durchmesser 138, 86 und 116 eingeschrieben sind, so daß der Vorreißer die Lage der Löcher auf dem rohen Gußstück vorreißen kann.

Die Maßzahlen auf maschinen-technischen Zeichnungen sind immer Millimeter.

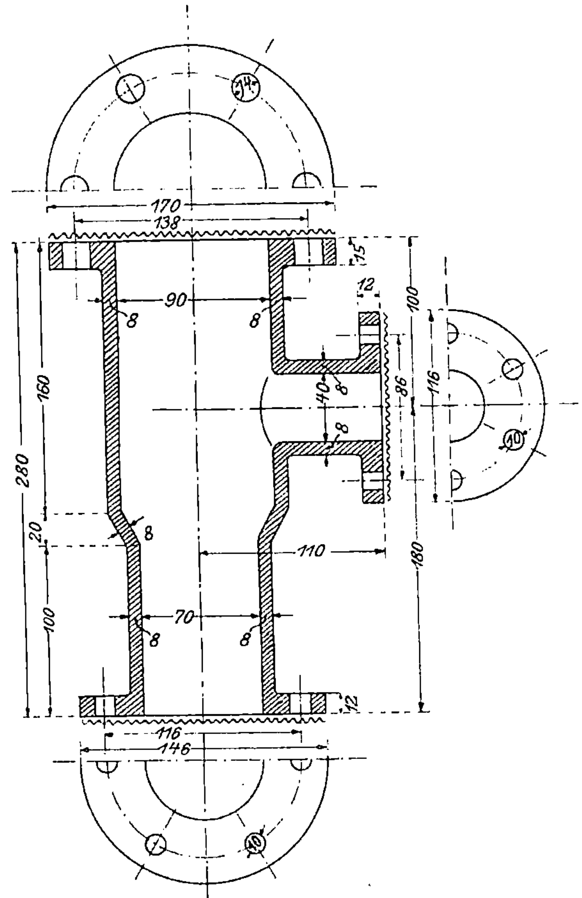

Fig. 75. Fertige Zeichnung.

Als weiteres Beispiel wählen wir die Kurbelwelle (Fig. 13). Es war schon bei Fig. 13 erwähnt, wie die Welle hergestellt wird. Da die Bearbeitung bei ihr hauptsächlich in Abdrehen auf die in der Zeichnung stehenden Maße besteht, so müssen überall die Durchmesser eingeschrieben werden. Für das Schmieden der rohen Welle (Fig. 14) im Gesenke sind die Maße 406, 190, 70 notwendig, die in Fig. 77 eingeschrieben sind, ferner die Breite 40 + 66 + 40 für die Kröpfung und die Lage der Kröpfung, gegeben z. B. durch die Maße 30 + 60 von rechts aus. Die beiden letzten Maße sind nicht mehr eingeschrieben, weil sie leicht berechnet werden können, und weil zu viele Maße die Zeichnung undeutlich machen würden. Unnötig viele Maße sind zu vermeiden. Man schreibt außer den unbedingt notwendigen Maßen höchstens noch einige Hauptmaße ein, wie in Fig. 77 die ganze Länge 406 und die ganze Höhe 190. Für das Abdrehen sind die einzelnen Längenmaße 70, 60, 30 usw., ferner die Breite des Bundes 10, sowie die Entfernung 120 der Mittellinien notwendig.

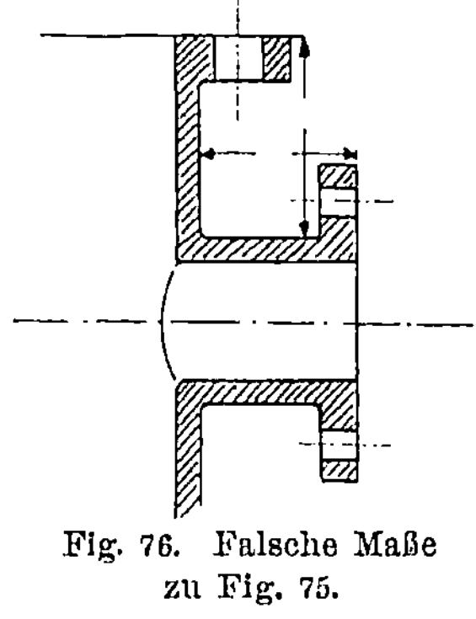

Fig. 76. Falsche Maße zu Fig. 75.

Einige Äußerlichkeiten bezüglich des Einschreibens der Maße mögen noch erwähnt werden. Am besten wird auch dies durch ein Beispiel klar.

In Fig. 78 sind schlechte und unbrauchbare Maße eingeschrieben, während die richtigen und gut eingezeichneten in Fig. 79 stehen. In Fig. 78 ist falsch und für den Modelltischler unbrauchbar das Maß $a$, weil es sich nicht auf eine Mittellinie bezieht; richtig ist $a_1$ Fig. 79. Das Maß $b$ in Fig. 78 ist falsch und steht schlecht zwischen den beiden

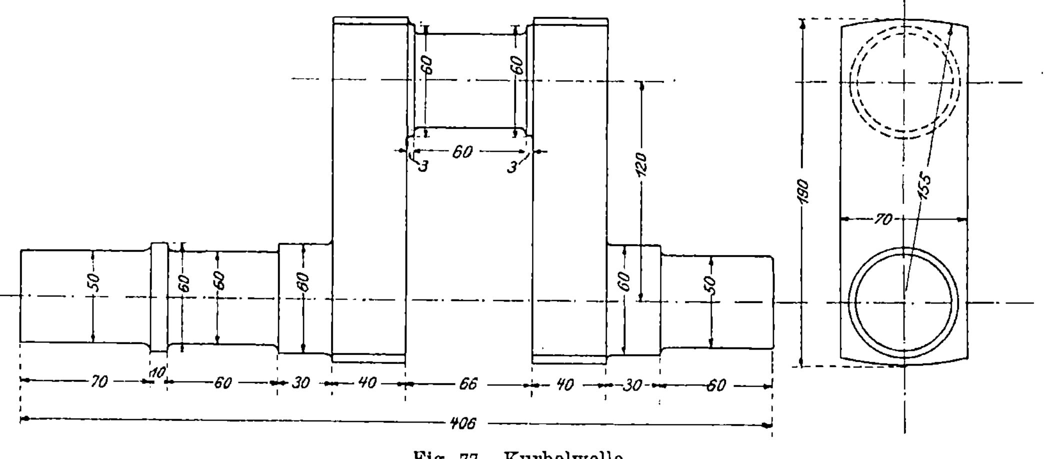

Fig. 77. Kurbelwelle.

Linien, weil die Gleitflächen des Kreuzkopfes nicht gleiche Länge von der Mittellinie haben; es muß ersetzt werden durch $b_1$ und $b_2$ (Fig. 79). Das Maß $c$ in Fig. 78 ist falsch, denn wie Fig. 80 zeigt ist der Kreisbogen nichts weiter als eine Folge des Schnittes der ebenen Seitenfläche mit der kegelartigen Erweiterung des Halses, es ist ebenso

falsch wie die an Kurven eingeschriebenen Maße, die eine Folge der Bearbeitung sind. Daß der Hals rund ist, erkennt man an dem Durchmesserzeichen $\varnothing$ neben $p_1$, Fig. 79. Ferner sind in Fig. 78 zu viele Durchmesser $i$ eingezeichnet, die alle durch den Schnittpunkt der Hauptmittellinien verlaufen; erstens verklecksen dieselben häufig im Mittelpunkt, zweitens stören sie die Deutlichkeit ebenso wie die Maßlinien $f\,e\,g\,h$, die man besser zum Teil außerhalb der Figur anbringt, zum Teil wenig-

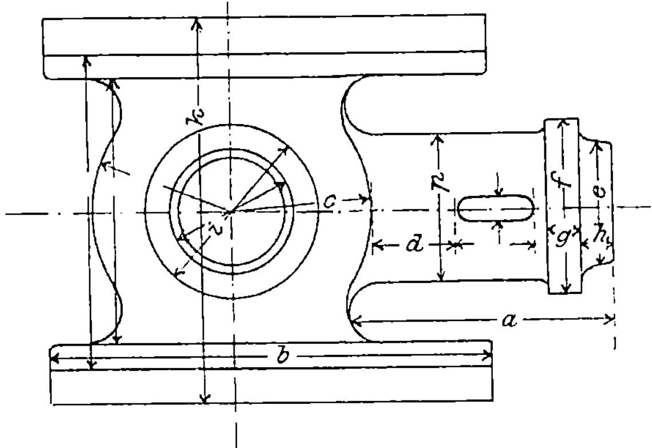

Fig. 78. Beispiel für falsche Maße.

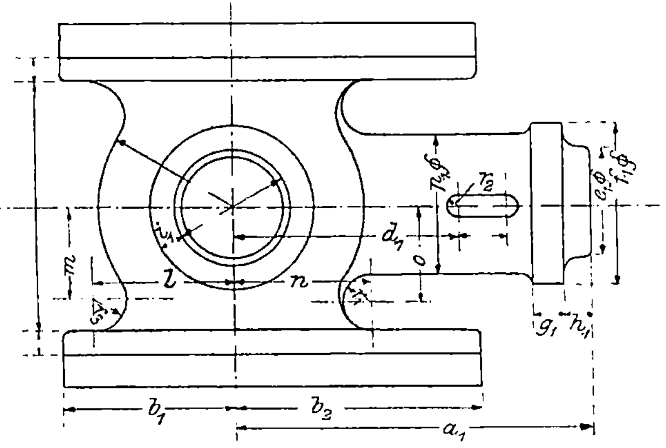

Fig. 79. Richtige Maße.

stens an eine andere Stelle verlegt, wie $f_1\,e_1\,g_1\,h_1$ und noch einige andere Maße in Fig. 79 zeigen. Falsch ist noch in Fig. 78 das Maß $d$. Es muß bezogen werden auf die Mittellinie ($d_1$ in Fig. 79), weil der Kreisbogen, von dem es ausgeht, wie vorhin auseinander gesetzt wurde, selbst gar kein Maß bekommen darf, und weil der Vor-

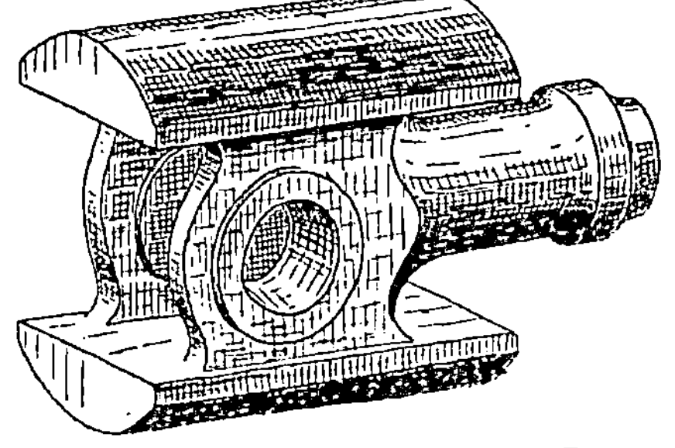

Fig. 80. Kreuzkopf zur Zeichnung Fig. 79.

reißer beim Aufzeichnen des Keilloches von dem Schnittpunkt der Mittellinien ausgeht. Das Maß $k$ gehört nicht in die Ansicht Fig. 78

hinein; es muß in einer anderen Ansicht untergebracht werden, weil der Kreuzkopf, wie Fig. 80 zeigt, außen rund abgedreht wird. Sodann fehlen in Fig. 78 noch die Radien $r_1\, r_2\, r_3$, die in Fig. 79 eingezeichnet sind, nebst den Maßen $l\, m\, n\, o$ in bezug auf die Hauptmittellinien für ihre Mittelpunkte.

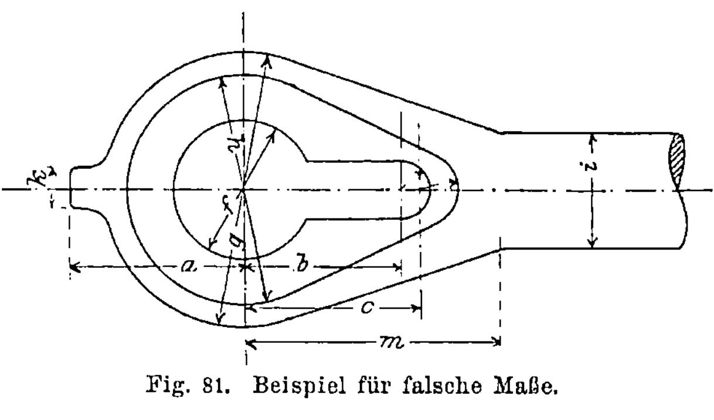

Fig. 81. Beispiel für falsche Maße.

Ein weiteres Beispiel für falsche Maße ist der Stangenkopf, Fig. 81. Unnötig sind die Maße $h$, $c$ und der im Abstand $c$ angegebene Halbmesser, weil sie sich auf eine Figur beziehen, die nur eine Folge der Bearbeitung ist. Der Stangenkopf (vergl. Fig. 33 und 34) besteht aus einer Kugel mit dem Durchmesser $g$, daran setzt sich ein Kegel, der in den Zylinder $i$ übergeht. Begrenzt man Kugel und Kegel seitlich durch zwei Ebenen, die um das Maß $l$ (Fig. 82) voneinander entferntliegen, so ist der Kreis mit $h$, die Maße $d$, $c$ und der schon erwähnte Halbmesser nur die Schnittfigur der Ebene mit

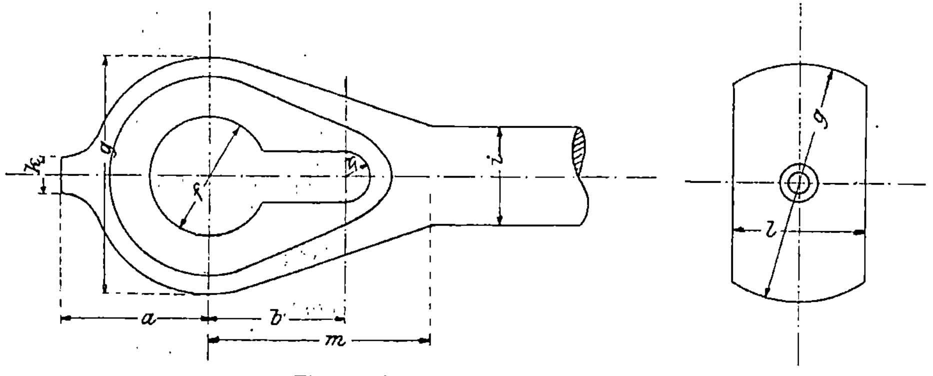

Fig. 82. Richtige Maße zu Fig. 81.

den geometrischen Körpern Kugel und Kegel; Maße dafür sind unnötig und würden auch schwer genau zu bestimmen sein.

Feste Regeln für die Lage der Maßlinien gibt es nicht; es ist dafür das Gefühl des Zeichners maßgebend und vor allem der Grundsatz: sie sollen leicht zu finden sein und dürfen die Zeichnung nicht unübersichtlich machen. Leicht zu finden sind sie, wenn sie an den Stellen stehen, wo man sie sucht, und diese Stellen ergeben sich aus der Vergegenwärtigung des Herstellungsvorganges. Ferner kann das Gefühl des Zeichners durch Anschauung von gut ausgeführten Zeichnungen entwickelt werden. Es wird deshalb bezüglich der Anordnung der Maßlinien auf die weiteren Beispiele im folgenden Abschnitt verwiesen.

Es ist noch der Hinweis nötig, daß man streng auf die verschiedenen Strichstärken und Stricharten achten muß. Die Umrisse und Körperlinien des Gegenstandes, die Maßlinien, die Mittellinien und Hilfslinien sind in der Weise zu unterscheiden, wie Fig. 83 zeigt, also nur die Körperlinien sind kräftig zu zeichnen, alle übrigen in der Zeichnung vorkommenden Linien werden fein gezogen. Folgerichtiges Einhalten dieser Stricharten ist selbstverständlich, sonst leidet die Deutlichkeit der Zeichnung. Beispiele für die Stricharten in Fig. 83 sind durch das ganze Buch verstreut. Besonders deutlich aber sind sie in Fig. 58 zu erkennen.

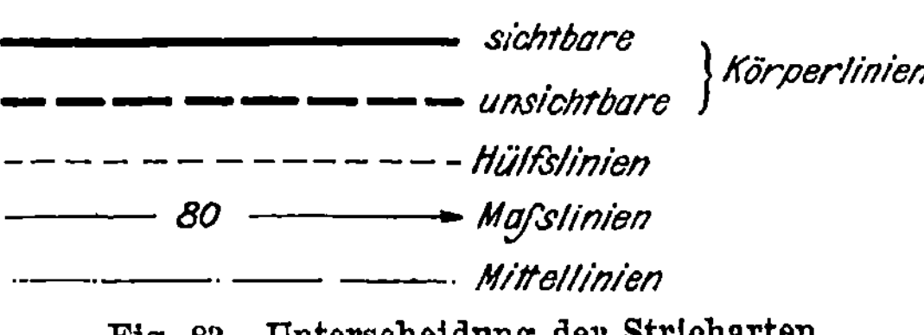


Fig. 83. Unterscheidung der Stricharten.

# VIII. Widerspruch zwischen Zeichnung und Ausführung.

Bei genauerem Betrachten der meisten Figuren, namentlich der Fig. 75 und 57, gewahrt man, daß die Linien, die den Körper begrenzen, zum Teil scharf zusammenstoßen, zum Teil rund ineinander übergehen. Diese beiden Arten des Zusammenstoßens der Linien dürfen nicht etwa willkürlich durcheinander angewendet werden, sondern sie hängen mit der Herstellung des Gegenstandes zusammen. Scharfe Kanten können bei einem Gegenstand nur dort entstehen, wo derselbe bearbeitet wird; deshalb sind auch in Fig. 75 nur die Kanten an den Flanschen, die mit Arbeitsflächen bezeichnet sind, scharf gezeichnet. An anderen Stellen, an denen Linien durch Abrundungen verbunden sind, sind am wirklichen Körper Gußkanten. Man muß also, um das

Zusammenstoßen der Linien richtig zu zeichnen, die Herstellung des Gegenstandes im Auge behalten.

Um das Gesagte noch deutlicher zu machen, mögen einige andere Beispiele herangezogen werden. So ist in Fig. 84 die Exzenterscheibe von Fig. 57 noch einmal gezeichnet in absichtlich falscher und schlechter

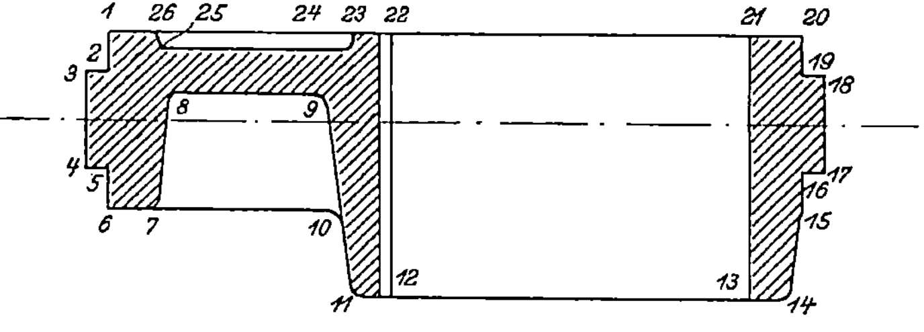


Fig. 84. Falsche und schlecht schraffierte Zeichnung einer Exzenterscheibe.

Darstellung. Zunächst sind ohne Unterschied alle Linien scharf zusammenstoßend gezeichnet, sodann ist auch dort eine schlechte Schraffierung gezeigt. Die Linien laufen zu dicht, ungleichmäßig und nicht alle nach derselben Richtung.

Fig. 85 zeigt die richtige Verbindung der zusammenstoßenden Linien sowie eine gute Schraffierung. An dem Gußstück werden bearbeitet die Flächen *1 2 3 4 5 6* sowie *20 19 18 17 16 15* und die Bohrung *12 13 21 22.* Hier entstehen dementsprechend auch in Wirklichkeit

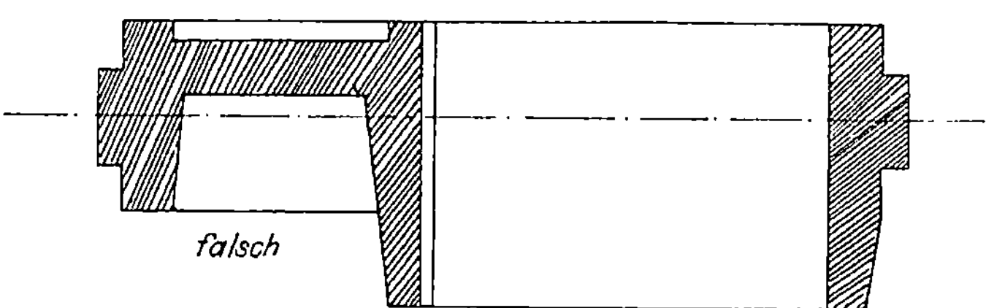

Fig. 85. Richtige Darstellung der falschen Fig. 84.

scharfe Kanten, genau so wie in der Figur gezeichnet ist. Dagegen bleiben folgende Kanten unbearbeitet: *7—11, 14, 23—26.* Ihre scharfe Ausführung ist nicht gut möglich, weil das Eisen die Ecken in der Form gar nicht so scharf ausfüllen kann, und weil auch, selbst wenn die Ecken am Modell ganz scharf hergestellt sind, der Formsand beim Einstampfen des Modelles die Ecken nicht scharf ausfüllen kann. Unbearbeitete rohe Gußkanten müssen also immer abgerundet angegeben werden.

Ferner ist eine sehr wichtige Abrundung die bei *10* in Fig. 85. Das Stück *7 10* ist eine Rippe (vergl. Fig. 57), und Rippen werden bekanntlich niemals geschnitten. Durch die Abrundung bei *10* wird sogar in dieser einfachen Schnittzeichnung sofort klar, daß *7 10* eine Rippe ist, die bei *10* in die Nabe des Exzenters übergeht. Zeichnet man bei *10* eine scharfe Ecke, so bleibt es unklar, ob dort eine Rippe ist, denn die Linie *7 10* ist dann die Fortsetzung der Kante *6 7* nach hinten. Selbstverständlich wird aus einer noch notwendigen anderen Ansicht zu Fig. 85 (vergl. Fig. 57) klar, daß an der betr. Stelle eine Rippe sitzt, aber zweckmäßig ist es doch, daß das eindeutig sofort auch in Fig. 85

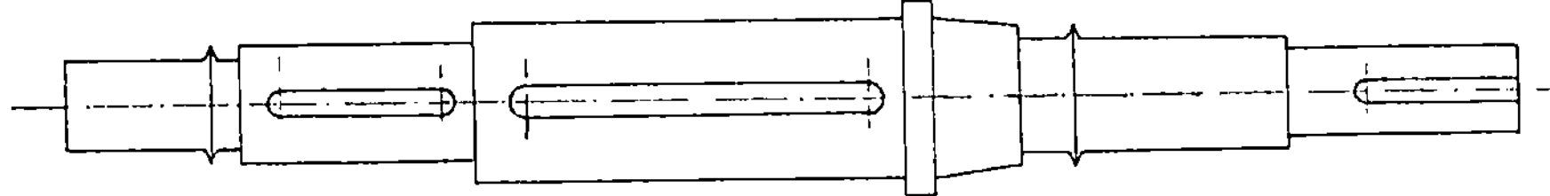

Fig. 86. Falsch gezeichnete Welle (scharfe Ecken).

erkannt werden kann. Außerdem entsteht ja dann auch in Wirklichkeit bei *10* eine Abrundung. Es steht also immer eine derartige Darstellung mit scharfen Ecken wie in Fig. 84 mit der Ausführung in Widerspruch, und deshalb ist sie falsch. Sie legt für ihren Verfertiger das Zeugnis ab, daß demselben das Verständnis für die Herstellung abgeht.

Ein ebenfalls häufig vorkommender Fehler wird bei der Darstellung von Wellen gemacht. In Fig. 86 ist eine Welle für eine elektrische Maschine gezeichnet, wieder in absichtlich falscher Darstellung. Es ist eine bekannte Erfahrungstatsache, daß man bei Wellen niemals scharfe

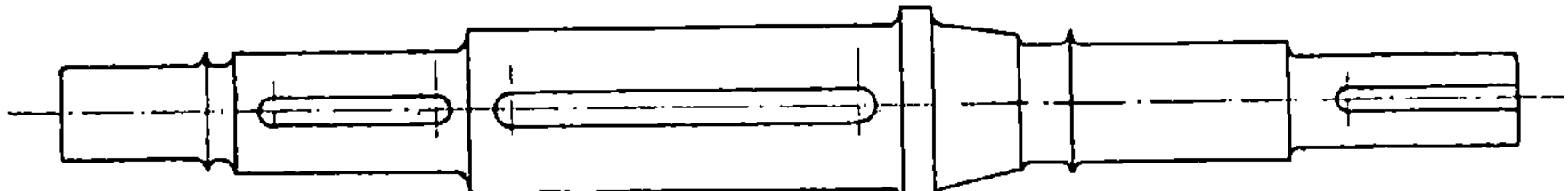

Fig. 87. Richtige Zeichnung zu Fig. 86.

plötzliche Übergänge ausführen darf, und daß dieselben auch dann dort brechen können, wenn der Wellendurchmesser nach den Festigkeitsrechnungen ausreicht. Die richtige Zeichnung der Welle, bei welcher der Übergang von einem Querschnitt zu einem anderen allmählich durch eine Abrundung erfolgt, ist in Fig. 87 gegeben. Die früher besprochene Kurbelwelle in Fig. 77 zeigt ebenfalls diese Abrundungen bei sämtlichen Querschnittsänderungen.

Eine sehr unzweckmäßige Form einer Kurbelwelle veranschaulicht Fig. 88. Die Abrundungen bei *A* und *B* lassen sich nur durch einen hin und her gehenden Fräser, also ziemlich umständlich herstellen, während die Welle nach Fig. 77 abgedreht werden kann, weil an der Kröpfung die obere Abrundung kreisförmig um die Mitte der Lagerzapfen und die untere Abrundung kreisförmig um die Mitte des Kurbelzapfens verläuft.

Das Abdrehen geschieht deshalb sehr einfach nach dem Schema Fig. 89, indem die Kurbelwelle bei $A$ mit ihrem Drehzapfen auf die Planscheibe der Drehbank aufgespannt und darauf bei $K$ mit dem Kurbelzapfen eingespannt wird.

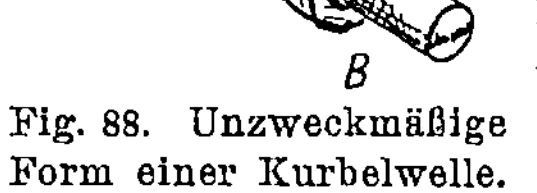

Fig. 88. Unzweckmäßige Form einer Kurbelwelle.

In Fig. 77 ist als hierauf bezügliches Maß für den Dreher eingeschrieben 155 mm.

Eine unmögliche Gußform zeigt Fig. 90. Um den Hohlraum bei $H$ gießen zu können, müßte ein Kern eingelegt werden, der wegen

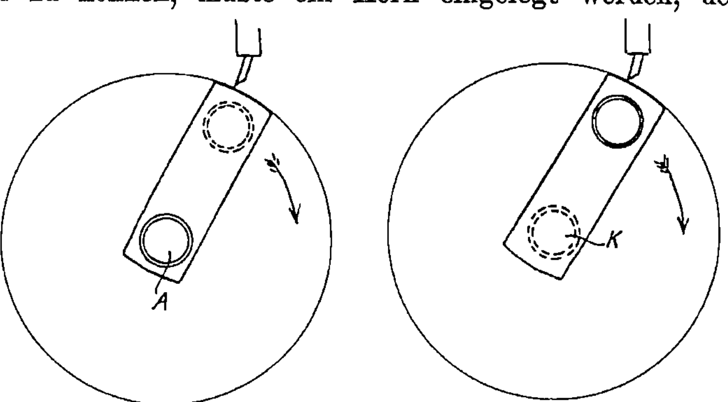

Fig. 89. Abdrehen der Kurbelwelle nach Fig. 77.

seiner gebogenen Form schlecht vor Verlagerung zu schützen wäre und außerdem an seinem oberen Ende viel zu dünn werden würde. Das

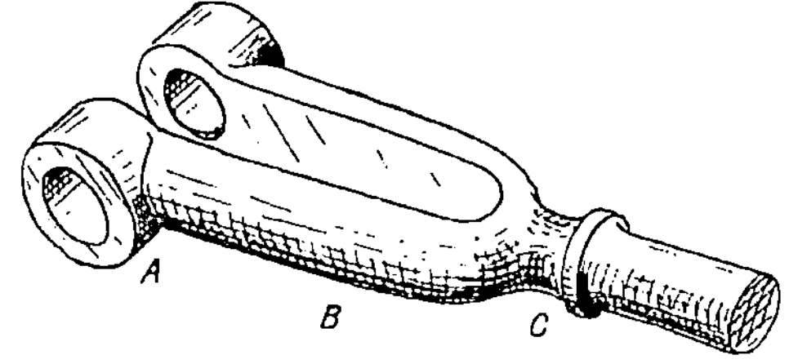

Fig. 90. Unausführbares Gußstück (zu langer und zu dünner Kern).

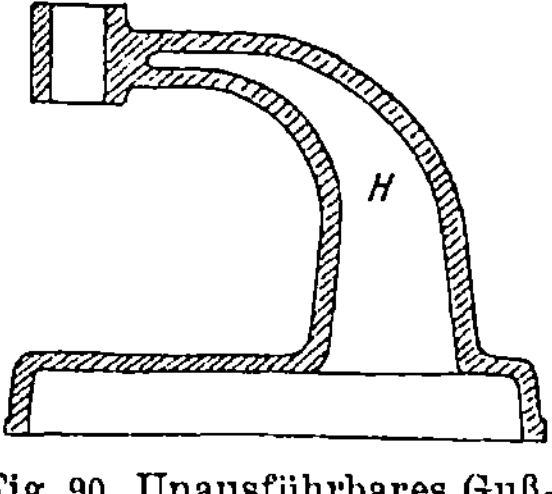

Fig. 91. Unzweckmäßige Gabel, weil die Bearbeitung größtenteils von Hand erfolgen muß.

obere Ende des Kernes könnte in der Form nicht abgestützt werden; das Gußstück wäre unausführbar. (Man vergleiche die Beispiele im Abschnitt III.)

Unzweckmäßig ist ferner eine Form nach Fig. 91, weil sie sich bei *A*, *B* und *C* nicht mit Werkzeugmaschinen bearbeiten läßt, sondern von Hand bearbeitet werden muß.

Schlechte Beispiele ähnlicher Art ließen sich noch unzählige aufführen. Sie rühren zum Teil von gedankenloser Anwendung der sogenannten Faustformeln her, nach denen man Querschnitte bestimmen soll, die sich nicht berechnen lassen, zum Teil sind sie eine Folge der Übertragung einer falschen Formenlehre. So darf man im Maschinenbau niemals Formen anwenden, die in der Baukunst bei Säulen usw. gebräuchlich und zweckmäßig sind, weil ein Maschinenteil ganz anders beansprucht wird als ein Gebäude und eine Maschine ganz andere Zwecke hat als ein Haus.

Wer sich beim Entwerfen von Maschinenformen deren Beanspruchung vor Augen hält und an die Herstellungsvorgänge denkt, der wird Fehler der vorerwähnten Art leicht vermeiden und immer solche Formen wählen, die sich leicht und einfach auf gewöhnlichen Werkzeugmaschinen herstellen lassen.

# IX. Zusammenhang und Vollständigkeit der Zeichnungen.

Es wurde schon im Anfang darauf hingewiesen, daß auf jeder Zeichnung eine sogen. Stückliste vorhanden sein muß. Der Zweck dieser Stückliste ist folgender: Wenn ein größerer Gegenstand angefertigt werden soll, so kann man denselben nicht mehr auf einer einzigen Zeichnung darstellen, weil das der üblichen Arbeitsteilung in den Fabriken nicht entspricht. Man führt dann eine größere Anzahl Einzelzeichnungen aus und macht zuletzt eine sogen. Zusammenstellung in kleinerem Maßstab, auf welcher man noch einmal alle Teile, aus denen der Gegenstand besteht, einzeln aufführt. Am besten wird der Zweck der Stücklisten an einem Beispiel klar und als solches soll ein Teil eines Laufkrans, die Seilflasche mit Haken, gewählt werden, deren Äußeres aus Fig. 92 hervorgeht, und bei welcher der Schutzkasten aus Fig. 10 und der Doppelhaken aus Fig. 16 benutzt wird. Zu dieser Flasche würde man mehrere Einzelzeichnungen machen müssen, und zwar könnte man zweckmäßig drei Zeichnungen ausführen. Auf die erste, Fig. 93 (K1), würden die Gußteile gezeichnet, also die Seilscheibe und der Schutzkasten. Auf die zweite Zeichnung, Fig. 94 (K 2), würden die geschmiedeten Teile zu zeichnen sein, also der Haken, der Bügel, die Welle und die Teile zum Kugellager. Auf der dritten Zeichnung, Fig. 95 (K 3), würde man die Zusammenstellung der Teile zeigen. Diese Zeichnung kann in kleinerem Maßstab ausgeführt werden und braucht höchstens noch solche Maße zu erhalten, die erkennen lassen, welchen Raum der Gegenstand einnimmt. Genaue Einzelmaße sind nicht mehr nötig, weil die Teile nicht nach dieser Zusammenstellung hergestellt werden sollen. Aus diesem Grunde ist jedoch ein Verzeichnis der Zeichnungen nötig, auf denen die Einzelteile sich befinden. Jede der Einzelzeichnungen erhält eine Stückliste, in welcher das Material der einzelnen Teile angegeben ist, außerdem aber noch besondere Bemerkungen über die Herstellung, Art des Gewindes usw., wie aus Fig. 93 und 94 zu sehen ist. Bei der Bestellung des Kranes kommen dann mit dem Bestellschein Stücklisten für die Ausführung in die Werkstatt. Für die Flasche würde die Stückliste etwa folgende sein:

(Siehe die Tabelle auf S. 57.)

Fig. 92.  Hakenflasche.

Jede Zeichnung muß auch eine Bezeichnung erhalten, für die gewöhnlich ein oder mehrere Buchstaben und Zahlen gewählt werden, damit man bei einer Bestellung die betreffenden Zeichnungen der Werkstatt angeben kann. In den Figuren 93, 94 und 95 ist die Bezeichnung $K$ (von Kran) gewählt, und alle Zeichnungen, die zu dem Kran gehören, erhalten außer einer fortlaufenden Zahl diesen Buchstaben.

Zusammenstellungszeichnungen werden gewöhnlich auch etwas anders ausgestattet als reine Werkstattszeichnungen. Man kann zur Erhöhung der Deutlichkeit, wie in Fig. 95 geschehen ist, sogenannte

Additional material from *Technisches Zeichnen aus der Vorstellung mit Rücksicht auf die Herstellung in der Werkstatt* ,
ISBN 978-3-662-31841-6(978-3-662-31841-6_OSFO1),
is available at http://extras.springer.com

Lichtränder und Schattenlinien ziehen. Die Lichtränder läßt man links und oben, indem man mit den Schraffierstrichen oder der angelegten Fläche nicht ganz bis zur Umrißlinie geht, sondern einen schmalen weißen Rand läßt, desgleichen zieht man auch die Umrißlinien auf der linken Seite feiner, während man rechts keinen Lichtrand läßt und dort auch die Umrißlinien kräftiger zieht, um den Schatten anzudeuten. Auch auf Werkstattszeichnungen läßt man zuweilen Lichtränder an den geschnittenen Flächen, wie Fig. 58 zeigt; eine Hervorhebung der Schattenseite ist hier aber unzweckmäßig. Der Lichtrand wird auch nicht wegen des schönen Aussehens ausgeführt, sondern zur Erhöhung der Deutlichkeit. Er hebt besonders zusammenstoßende Flächen besser voneinander ab. Notwendig ist zwar diese Art der Ausführung nicht, wohl aber trägt sie bei richtiger Anwendung wesentlich zum Verständnis bei. Eine schlechte Zeichnung zeigt Fig. 84, dort ist die Schraffierung zu eng, und die Linien laufen nicht nach derselben Richtung.

## Stückliste zur Flasche des 10 t-Kranes nach den Zeichnungen $K_1 K_2 K_3$.

Auftrag No. .....................       Zur Werkstatt gegeben

Besteller: ............................       am .................................

| An-zahl | Gegenstand | Nach Zeich-nung | Material | Bemerkungen |
|---|---|---|---|---|
| 2 | Seilscheiben | $K\,1\ A$ | Gußeisen | Modell neu. |
| 2 | Lagerschalen | $K\,1\ B$ | Bronze | „ „ |
| 2 | Stiftschrauben | $K\,1\ C$ | Schmiedeeisen | 15 mm lang, $^5/_{16}$" Gewinde. |
| 1 | Schutzkasten | $K\,1\ D$ | Gußeisen | Modell neu. |
| 2 | Schrauben | $K\,1\ E$ | Schmiedeeisen | $^3/_4$" Gewinde. |
| 1 | Haken | $K\,2\ A$ | Schmiedeeisen | Schaft oben mit $2^3/_4$" Gewinde. |
| 1 | Bügel | $K\,2\ B$ | „ | |
| 1 | Pendelzapfen | $K\,2\ C$ | Stahl | die Kugelrinne härten. |
| 1 | Mutter | $K\,2\ D$ | „ | „ „ „ |
| 20 | Kugeln | $K\,2\ E$ | „ | härten. |
| 1 | Schraube | $K\,2\ F$ | Schmiedeeisen | $^5/_8$" Gewinde. |
| 2 | Muttern | $K\,2\ G$ | „ | normal für $^5/_8$" Gewinde |
| 2 | Unterlegscheiben | $K\,2\ H$ | „ | |
| 2 | Splinte | $K\,2\ J$ | Eisendraht | |
| 1 | Welle | $K\,2\ K$ | Schmiedeeisen | |

In Fig. 93 ist bei den Gußstücken in der Stückliste die Bemerkung zu lesen: „Modell neu“. Das bedeutet, daß die Zeichnung zuerst in die Modelltischlerei zu geben ist, weil Modelle zum Gießen der Gegenstände angefertigt werden müssen. Häufig kann man aber frühere Konstruktionen, die schon einmal ausgeführt wurden, für eine neue Anfertigung zum Teil mit benutzen. Zum

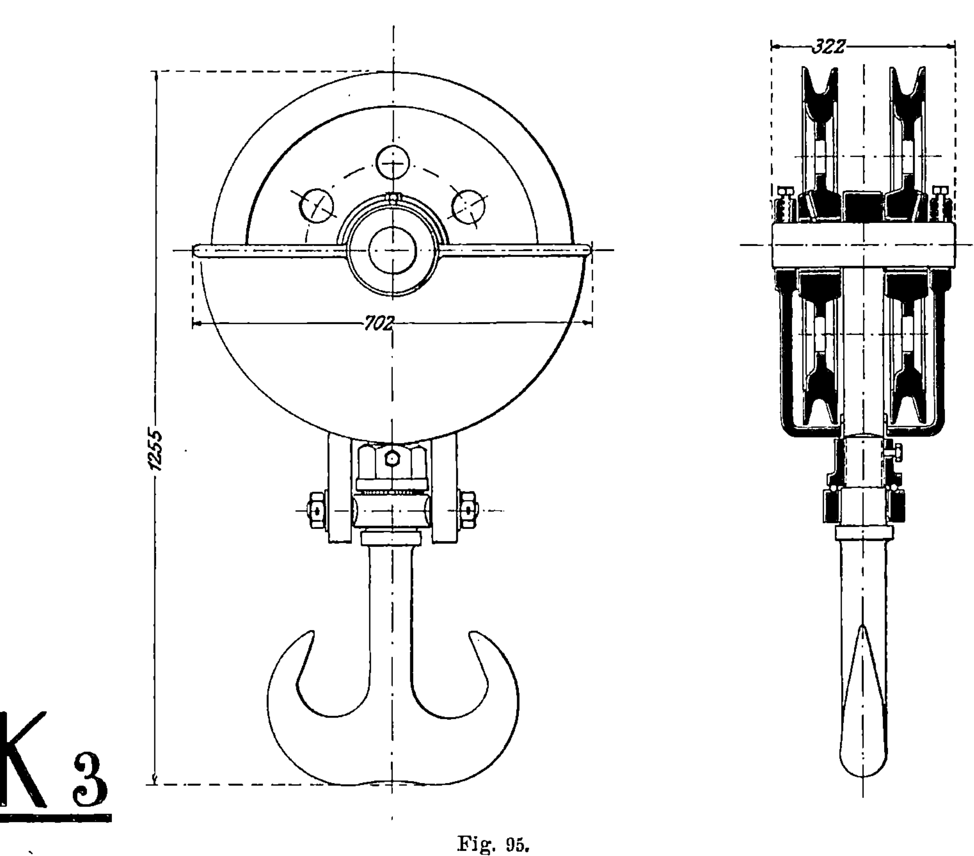

Fig. 95.

Beispiel wäre es leicht möglich, daß eine Seilrolle, wie sie in Fig. 93 gezeichnet ist, schon einmal für einen anderen Zweck gezeichnet und hergestellt wurde. In diesem Fall ist das Modell von früher her schon vorhanden, denn die Holzmodelle werden bekanntlich immer aufgehoben, weil ihre Herstellung ziemlich teuer ist und sich auch nur dann bezahlt macht, wenn das Modell wiederholt benutzt werden kann. Man würde dann in der Stückliste bei $A$ die Bemerkung machen: „Modell vorhanden unter Nummer ....“. Man würde nun auch alle Maße, welche in die

Additional material from *Technisches Zeichnen aus der Vorstellung mit Rücksicht auf die Herstellung in der Werkstatt* ,

ISBN 978-3-662-31841-6(978-3-662-31841-6_OSFO2),
is available at http://extras.springer.com

Zeichnung für den Modelltischler erforderlich sind, fortlassen und nur diejenigen in die Zeichnung einschreiben, welche zur Bearbeitung des rohen Gußstückes gebraucht werden.

In anderen Fällen kommt es auch vor, daß ein Gegenstand abgeändert werden soll. Man würde dann das von früher vorhandene Modell abändern, müßte auf der Zeichnung die neuen Maße für die Abänderung einschreiben und in der Stückliste die Bemerkung machen: „vorhandenes Modell Nummer .... ändern“.

Soll ein Gegenstand nur ausnahmsweise von der gewöhnlichen Ausführungsform abweichend angefertigt werden, so kann man das dadurch erreichen, daß man eine am vorhandenen Modell abnehmbare Änderung vornimmt. Man würde in diesem Fall in der Stückliste zu bemerken haben: „vorhandenes Modell Nummer .... mit abnehmbarer Änderung versehen“.

Zusammenstellungen werden gewöhnlich nur für kleinere und mittelgroße Gegenstände ausgeführt. Ganze Maschinen würden ein viel zu überladenes und deshalb undeutliches Bild ergeben, für welches man außerdem auch keine Verwendung hätte, da danach doch nicht gearbeitet werden könnte.

Die Fundamentpläne von Maschinen dienen entweder zur Herstellung des Fundamentes und gleichzeitig zur Aufstellung der Maschine oder nur zur Herstellung des Fundamentes. In Fig. 96 ist letzteres angenommen.[1]) Es ist deshalb die Maschine nur andeutungsweise in ihren Hauptteilen eingezeichnet und im Grundriß ganz fortgelassen. Dagegen sind alle Maße und notwendigen Bemerkungen zur Herstellung des Fundamentes und zum Einlassen der Fundamentbolzen eingeschrieben. Wenn der Plan gleichzeitig zur Aufstellung der Maschine benutzt werden soll, muß noch der Verlauf der Rohrleitungen, die Rohrweite, die Kniestücke, Ventile und eine Ansicht der Maschine von oben eingezeichnet werden.

Zum Schluß dieses Abschnittes mögen noch einige Äußerlichkeiten der technischen Zeichnungen erledigt werden. Die Formgebung einer Maschine erfolgt heute nicht mehr nach menschlichen, willkürlich aufgestellten Schönheitsregeln, sondern nach den durch Beobachtung und

---

[1]) Fig. 96 ist hergestellt nach einem Aufstellungsplan einer Gasmaschine von 160 PS. der Firma Gebr. Körting, Aktiengesellschaft, Körtingsdorf bei Hannover, für dessen Überlassung ich hier nochmals bestens danke; er wurde aber seinem Darstellungszweck an dieser Stelle entsprechend verschiedentlich frei geändert und ist auch nicht mehr maßstäblich.

Überlegung ermittelten Naturgesetzen der Festigkeit. Es ist also jede Form eines technischen Gegenstandes eine Zweckform, oder sie sollte es sein, wenn der Gegenstand auf Vollkommenheit Anspruch erhebt. Jeder keinem Zweck dienende Zierrat würde an einer Maschine übrigens ebenso überflüssig sein, wie er es bei einem wahren Kunstwerk ist, und jedem auf natürlicher Empfindung beruhenden Schönheitsgefühl widersprechen.

Genau aus demselben Grunde müssen auch die technischen Zeichnungen dem Wesen der Maschine entsprechen, das heißt auch sie müssen zweckentsprechend, also klar und deutlich ausgeführt sein. Hierzu gehört in erster Linie neben der schon erwähnten Strichstärke und dem genauen Einhalten der verschiedenen Stricharten der Stil der Schrift. Man verwendet ja gewöhnlich die bekannte Rundschrift für technische Zeichnungen, deren Buchstabenformen aber häufig sehr unleserlich sind, da sie unnötige Schnörkel und Verzierungen aufweisen, und in den Lehrheften über diese Schreibart werden diese Buchstaben, die ihren Zweck — deutliche Lesbarkeit — nicht erfüllen können, womöglich noch mit Alt- oder Neu-Gothisch, Renaissance usw. bezeichnet. Man tut

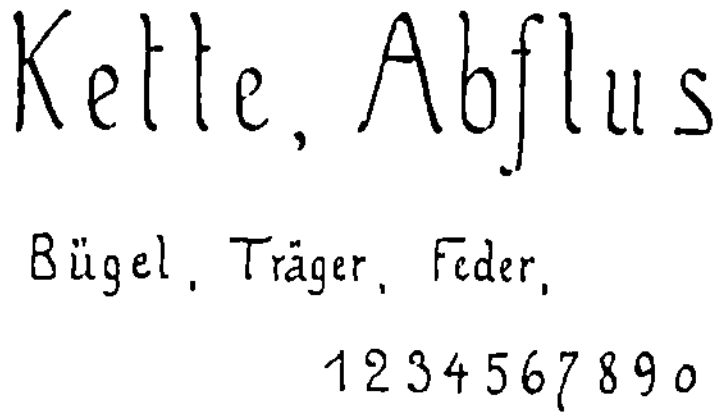

Kette, Abflussrohr.

Bügel, Träger, Feder,

1 2 3 4 5 6 7 8 9 o

Fig. 97.

besser, wenn man sich an diese Buchstabenformen nicht hält. Man kann mit der Rundschriftfeder ganz gut die lateinischen Druckbuchstaben nachahmen. Kleine Schrift und Maßzahlen lassen sich sehr gut mit Kugelspitzfedern schreiben. Beispiele solcher Schrift zeigt Fig. 97, auch die Figuren 58, 93, 94, 95 und 96 und mehrere kleinere Figuren im Text sind gute Schriftbeispiele.

Da auf der Zeichnung immer senkrechte und wagerechte Linien vorherrschen, müssen Schrift und Maßzahlen ebenfalls senkrecht oder wagerecht stehen. Keinesfalls dürfen Maßzahlen in gewöhnlicher Handschrift ausgeführt werden, außerdem müssen sie senkrecht in der Maßlinie stehen, zu der sie gehören. Man unterbricht zu diesem Zweck an der Stelle, wo die Zahl stehen soll, die Linie, wie auf sämtlichen diesbezüglichen Figuren zu sehen ist. Ungeschickt und fehlerhaft ist es, die Maßzahl über oder unter die zugehörige Linie zu setzen und diese glatt durchzuziehen. Sobald einmal mehrere Maßlinien dicht nebeneinander herlaufen, kann man nicht mehr erkennen, welche Zahlen und welche Linien zusammengehörig sind.

Bestimmte Regeln und Vorschriften lassen sich über diese die Deutlichkeit der Zeichnung und damit ihren Zweck erheblich beeinflussenden Äußerlichkeiten nicht aufstellen, es muß vielmehr das Gefühl des Entwerfenden dafür entwickelt sein, was nur möglich ist, wenn ihm der Zweck der Zeichnung genau klar ist, und deshalb kann man auch an diesen Äußerlichkeiten, wozu noch die Abrundung von Gußkanten und allerlei anderes zu rechnen wäre, sofort erkennen, ob jemand die Kenntnisse besitzt, die für einen schöpferisch tätigen, also entwerfenden Ingenieur unerläßlich sind: Formenvorstellung und Kenntnisse der Herstellungsweise.

## Das Skizzieren von Maschinenteilen in Perspektive. Von

Karl Volk, Ingenieur. Zweite, verbesserte Auflage. Mit 60 in den Text gedruckten Skizzen. In Leinwand gebunden Preis M. 1,40.

## Entwerfen und Herstellen. Eine Anleitung zum graphischen Be-

rechnen der Bearbeitungszeit von Maschinenteilen. Von Karl Volk, Ingenieur. Mit 18 Skizzen, 4 Figuren und 2 Tafeln. In Leinwand gebunden Preis M. 2,—.

## Das Skizzieren ohne und nach Modell für Maschinenbauer.

Ein Lehr- und Aufgabenbuch für den Unterricht. Von Karl Keiser, Zeichenlehrer an der Städtischen Gewerbeschule zu Leipzig. Mit 24 Textfiguren und 23 Tafeln. In Leinwand gebunden Preis M. 3,—.

## Hilfsbuch für den Maschinenbau. Für Maschinentechniker sowie

für den Unterricht an technischen Lehranstalten. Von Fr. Freytag, Professor, Lehrer an den technischen Staatslehranstalten in Chemnitz. Zweite, vermehrte und verbesserte Auflage. 1164 Seiten Oktav-Format. Mit 1004 Textfiguren und 8 Tafeln. In Leinwand gebunden Preis M. 10,—. In Ganzleder gebunden Preis M. 12,—.

## Maschinenelemente. Ein Leitfaden zur Berechnung und Konstruktion

der Maschinenelemente für technische Mittelschulen, Gewerbe- und Werkmeisterschulen sowie zum Gebrauche in der Praxis. Von Hugo Krause, Ingenieur. Mit 305 Textfiguren. In Leinwand gebunden Preis M. 5,—.

## Die Werkzeugmaschinen und ihre Konstruktionselemente. Ein Lehr-

buch zur Einführung in den Werkzeugmaschinenbau. Von Fr. W. Hülle, Ingenieur, Oberlehrer an der Königl. höheren Maschinenbauschule in Stettin. Mit 326 Textfiguren. In Leinwand gebunden Preis M. 8,—.

## Einführung in die Festigkeitslehre nebst Aufgaben aus dem

Maschinenbau und der Baukonstruktion. Ein Lehrbuch für Maschinen bauschulen und andere technische Lehranstalten sowie zum Selbstunterricht und für die Praxis. Von Ernst Wehnert, Ingenieur und Lehrer an der Städt. Gewerbe- und Maschinenbauschule in Leipzig. Mit 231 in den Text gedruckten Figuren. In Leinwand gebunden Preis M. 6,—.

**Zu beziehen durch jede Buchhandlung.**